四川中烟工业有限责任公司 ◎ 编著

雪茄手册

THE CIGAR HANDBOOK

华夏出版社
HUAXIA PUBLISHING HOUSE

本书编写组

撰　稿　李东亮　蔡　文　麻栋策　张　迪
　　　　范静苑　安鸿汐　张倩颖
审　稿　李东亮

序　言

　　雪茄是中国烟草核心竞争力的重要补充，也是卷烟消费的有益补充。全球雪茄市场产业价值200亿美元，由于亚太地区持续拉动需求，预计未来雪茄产业复合年增长率可达7%。近十年来，我国雪茄市场呈现爆发式增长态势，年均销量增幅保持在40%以上。作为世界烟草第一大国，我国拥有庞大的潜在雪茄消费群体，随着消费品质的不断提升和雪茄文化的营造推广，未来的消费潜力不可估量。

　　有鉴于此，四川中烟雪茄发酵工艺重点实验室技术人员编写了这本雪茄文化普及手册。手册介绍了雪茄文化的发展历史和现状、关于雪茄的知识和趣闻，力求做到深入浅出、通俗易懂、雅俗共赏，帮助读者了解、欣赏、研究雪茄文化。全书共分五个部分，第一部分由蔡文、张迪编写，从雪茄的历史和发展角度，介绍了雪茄的文化内涵和历史沉淀。第二部分由范静苑、张迪、麻栋策、蔡文编写，系统介绍了雪茄常识，帮助读者快速了解从烟叶栽培、发酵到雪茄卷制、品鉴的全过程。第三部分为雪茄科技知识，由安鸿汸、麻栋策、范静苑、张倩颖编写，为广大读者提供了关于雪茄的较为详细和前沿的各项科技研究成果。第四部分由张迪、蔡文、麻栋策编写，全方位展示了中国雪茄领军品牌——长城雪茄的产品特色和文化底蕴，让"中国的味道、世界的长城"深入人心。第五部分由麻栋策、安鸿泂编写，收录了关于雪茄的各项纪录、赛事和与之有关的趣闻轶事。全书由李东亮策划、校稿和定稿。

本书编写过程中，陈庆、段炼、卢海军提出了很多宝贵意见和建议，潘辰进行了封面设计美化，邹远洋新媒体工作室提供了部分摄影图片。编写人员参阅了众多国内外专家的研究成果，在此谨向有关专家和作者表示衷心感谢。由于时间仓促，加之编写人员水平有限，如有不妥之处，敬请批评指正。

雪茄发酵工艺重点实验室

2021 年 5 月

目　录

第一部分 雪茄简史

烟草的确切起源是未知的。1492 年 10 月 28 日，哥伦布探险船队来到了美洲。他们发现了烟草以及雪茄，并把它们带回了西班牙。哥伦布被认为是第一个发现雪茄、让雪茄走向世界的人。然而实际上，在他们到来之前，烟草在当地已经存在了好几个世纪[1]。

16 世纪末至 17 世纪初，世界上第一个烟草工厂在古巴建立。在 17 世纪末之前，古巴的烟草产量已超过糖，成为当地的支柱产业。古巴的烟叶被不断地被运往西班牙的卡塔赫纳港、莫格尔、塞维利亚以及葡萄牙的里斯本。几十年后，古巴烟叶传播到了欧洲其他地区和亚洲。

---

[1]　〔德〕迪特·H.维尔兹著，冒晨晨译：《雪茄圣经》，南昌：江西科学技术出版社，2012 年。

作为雪茄原产地，古巴无比优越的地理环境、气候条件和传统工艺，使得雪茄在此得到了持续的发展。1821年西班牙国王斐迪南七世颁布鼓励古巴雪茄生产的法令，更是大大刺激了古巴雪茄的飞速发展。到19世纪中期，古巴的烟草种植园已达9500家，烟草工厂达1300家，雪茄生产羽翼丰满，雪茄的品牌及规格逐渐多样化。1875年以后，古巴为摆脱西班牙的统治而爆发独立战争。由于时局动荡，许多古巴雪茄工人移民到美国和牙买加，在坦帕、基韦斯特和金斯敦等地建立雪茄工厂。其他的一些美洲国家，如尼加拉瓜、墨西哥、洪都拉斯等也开始发展本国的雪茄产业。

美国种植烟叶的历史可以追溯到1612年，但是制造雪茄的时间并不长。1762年，退役的美国将领伊斯雷尔·帕特南带着上等的哈瓦那雪茄和古巴烟草种子回到了家乡康涅狄格州，开始种植雪茄烟叶。1810年，美国第一家雪茄工厂在哈特福德诞生了。时至今日，康涅狄格州生产的雪茄依然畅销。19世纪末大批古巴移民来到美国，雪茄需求与日俱增，美国的雪茄消费量逐年攀升。大萧条时期，美国雪茄产业受到严重影响。到了20世纪80—90年代，美国重现雪茄风潮，抽雪茄成为权威、性感的象征[1]。

中国人接触雪茄是从吕宋洋烟开始的。19世纪初期，中

---

[1]　郭豫斌主编：《雪茄》（客厅文库），长春：北方妇女儿童出版社，2002年。

国人下南洋，了解到雪茄这种烟草制品，称之为"吕宋洋烟"，并将其带回中国。雪茄的中文名称据称是徐志摩起的，源自"cigar之燃灰白如雪，cigar之烟草卷如茄"。实际上，在光绪二十九年至三十一年上海《世界繁华报》连载的晚清四大谴责小说之一的《官场现形记》中，就已经出现了"雪茄"这个中文名[1]。20世纪中期，雪茄在中国的上流人群中流行起来，一些留学的海归、新兴的民族资本家以及达官显贵，将抽雪茄当作一种财富和权势的象征。中华人民共和国成立后，雪茄作为资产阶级生活方式的一部分被彻底消灭。20世纪80年代，随着改革开放的不断推进，人民生活水平和消费结构得到不断提高和完善，雪茄重新进入人们的视野。

近年来，随着国内消费水平的提高，雪茄市场日趋成熟。国内消费者开始重新审视并逐渐接受雪茄文化。雪茄正从炫耀性消费向需求性消费转变，许多消费者主动寻找适合自己吸食习惯和口味的雪茄产品。立足本土，做出符合中国人消费习惯的中式雪茄，成为中国雪茄产业发展的新机遇。

---

[1] 苏易编著：《雪茄收藏与品鉴》，北京：北京美术摄影出版社，2015年。

第二部分

雪茄常识

第一章　雪茄的结构和颜色

第一节　结　构

雪茄从内至外由三个部分组成，分别为茄芯、茄套、茄衣，每个部分都有不同的功能。

茄衣决定了雪茄的外观。茄衣烟叶一般生长在薄纱下，要单独发酵以确保其叶面光滑；烟叶柔软且油分不大，带有微妙气味，并且容易卷制。

茄衣是雪茄烟叶中最为昂贵的，来自不同种植园的茄衣颜色不同（因此口味略有不同，例如颜色较深的，含糖量会更高），适用于不同品牌。好的茄衣必须有弹性，而且没有突出的叶脉。烟叶至少存放一年到一年半，时间越长越好。非古巴手工雪茄茄衣可能来自美国康涅狄格州、喀麦隆、印度尼西亚苏门答腊岛、厄瓜多尔、洪都拉斯、墨西哥、哥斯达黎加或尼加拉瓜等地。

茄套烟叶的作用是把茄芯烟叶固定起来。因为茄套外还有茄衣包裹，所以茄套烟叶不需要考虑外观，主要着眼于功能。茄套烟叶主要考虑的是抗拉强度、味道以及燃烧特性。烟株上部在太阳直接照射下生长的叶子适合用作茄套，这部分烟叶因光照充足，叶片更厚、更粗糙，有较好的韧性和强度，能够保证雪茄燃烧持久、平缓。

茄芯是由去梗后的叶子纵向折叠而成，这种折叠通常通过手工实现。这种排列茄芯的方式称为书式，也就是说，如果你用刀将雪茄纵向切开，茄芯就像书页一样。

茄芯通常使用三种不同类型的烟叶做成。根据其在植株上的生长位置不同，茄芯烟叶可以分为以下三个类型：

Ligero 烟叶，来自烟株的顶部，颜色深，味道浓郁，由于长时间暴露在太阳下，会产生很多的油分。它们至少要醇化两年才能用于生产雪茄。Ligero 烟叶用作茄芯，因为它燃烧得很慢。

Seco 烟叶，即烟株的中部叶，颜色较浅、味道较淡。通常要存放 18 个月左右使用。

Volado 烟叶，来自烟株底部的烟叶，几乎没有味道，但是它们有很好的燃烧特性。通常存放 9 个月后使用。

不同茄芯烟叶的精确混合决定了每种品牌和尺寸雪茄的味道。像雷蒙阿罗内斯这样的醇厚雪茄，其茄芯中 Ligero 烟叶的比例要高于像乌普曼这样的温和雪茄，后者中 Seco 烟叶和 Volado 烟叶占主导地位。又小又细的雪茄里很少使用 Ligero 烟叶。混合的一致性是通过使用来自不同收获时期和不同农场的烟草来实现的，因此大量的成熟烟草在这一过程中是必不可少的。

　　雪茄的不同部位都有专门的名称，从上到下依次为头部、肩部、主体和尾部。

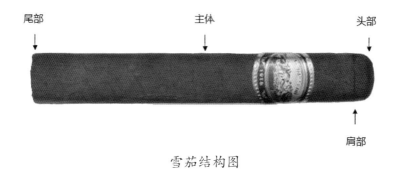

雪茄结构图

　　雪茄的头部即吸食端，是吸食雪茄时接触嘴唇的部分，可以是封闭的，也可以是预开口的；肩部位于头部以下，是规则雪茄头部以下开始出现弧度的地方；主体即肩部以下的大部分；尾部是雪茄的点燃端，大部分雪茄的尾部是开口的。

第二节　颜　色

　　茄衣的颜色主要取决于茄衣品种、生长环境和处理过程；烟草植株上不同部位的茄衣烟叶也是有差别的，取决于烟叶着生位置、田间管理方式以及接受光照的程度等。

　　通常雪茄客们用七种基本色来形容茄衣的色彩，从浅到深依次为：Double Claro（双科那罗）、Claro（科那罗）、Colorado Claro（科罗纳多·科那罗）、Colorado（科罗纳多）、

Colorado Maduro（科罗纳多·马杜罗）、Maduro（马杜罗）、Oscuro（沃斯古罗）。

雪茄茄衣的 7 种颜色

一般来说，雪茄茄衣颜色越浅，代表该雪茄口味越淡；反之，茄衣颜色越深，则口味越浓郁。但这也不是绝对的，有时深色雪茄会令人意外地温和，浅色雪茄也可能异常地强烈。

第二章　雪茄的制造

从一粒小小的种子，到完美呈现在消费者眼前的一支雪茄，中间经历了 200 余道制作工序。每一道工序都是必不可少的。从大自然赋予的天然优质烟叶开始，经历了绿色到棕色的完美蜕变、内在醇熟香气的自然形成、不同风味的变化组合以及纯熟技艺的完全展示等生命经历，让雪茄成为雪茄客舒缓身心的一种绝佳选择。

让我们一起来了解一支雪茄的完整生命历程。

第一节

世界优质雪茄烟叶产地及品种简介

世界上有许多国家和地区种植烟叶。但是雪茄烟叶的生长对气候、土壤和栽培技术等要求非常高，因此优质雪茄烟叶产地并不多。除了独特的地理位置以及特有的土壤、气候和水源等环境条件，悠久的发展历史也为现代雪茄烟叶生产提供了更加丰富的经验和优质的品种。除了众所周知的古巴，还有哪些国家和地区生产优质雪茄烟叶呢？

一、亚洲地区

1. 中　国

中国种植雪茄烟叶的历史已有百年。在 20 世纪初期，中国的许多地方都有雪茄烟叶种植的记录，如四川什邡、山东兖州、贵州都匀等地。后来随着工业发展的停滞，大部分地区都已不再种植雪茄烟叶。随着人民生活水平的提高，雪茄的消费市场不断扩大，中式雪茄快速发展，雪茄烟叶的种植开始进入一个新的时代。四川什邡的德雪系列和什烟系列、海南的古引系列等，都成为当前国产原料的主力军。云南、贵州以及湖北等地积极开展雪茄烟叶品种的试种及配套研究，并已经取得了重要的进展，国产雪茄烟叶将成为中式雪茄高质量发展的重要保障。

2. 印度尼西亚

印度尼西亚以优质的浅色茄衣烟叶闻名。17 世纪中叶，在荷兰人引入烟草之后，印度尼西亚开始种植和发展雪茄烟叶。

印度尼西亚是典型的热带雨林气候，年平均温度 25—27℃，肥沃的火山灰土壤以及海洋性气候带来的充沛雨量，使其成为优质的雪茄烟叶产地。印度尼西亚也是雪茄烟叶产量最大的国家之一，雪茄烟叶的种植地主要分布在苏门答腊岛和爪哇岛。

印度尼西亚有两个历史悠久的种植品种，即 Sumatra（苏门答腊）品种和 Besuki NO（伯苏基 NO）品种。Sumatra 品种主要种植在苏门答腊岛北部，用作茄衣，特点是味道温和，略带肉桂、泥土、花香和轻微的甜味；Besuki NO 品种主要种植在东爪哇，用作机制雪茄茄芯。此外，东爪哇还种植有 TBN（Tembakau Bawah Naungan）、Piloto、Jatim VO、Kasturi VO、DFC Boyolali、Madura VO 和来自美国康涅狄格州的雪茄烟叶品种，这些品种的烟叶可以为全球雪茄生产商提供茄衣、茄套和茄芯三种原料。

3. 菲律宾

菲律宾种植雪茄烟叶的历史可以追溯到 1592 年，以西班牙传教士将古巴的烟草种子带到菲律宾为开端。卡加延河（Cagayan）流域的伊萨贝拉（Lsabela）、卡加延（Cagayan）、潘加锡南（Pangasinan）、宿务（Cebu）和拉乌恩（La Union）是最适合雪茄烟叶生长的地方。当地生产的烟叶颜色较浅、口感温和、香气丰富，主要用作手工雪茄的茄衣和茄芯或用于卷制机制雪茄。

二、加勒比海地区

1. 古　巴

古巴五大雪茄烟叶生产区域是比那尔·德里·奥（Pinar del Rio）的乌尔塔·阿巴尤（Vuelta Abajo）、圣克里斯托瓦尔（San Cristobal）的塞米·维尔他（Semi Vuelta）、圣安东尼奥·德·洛丝·巴诺斯（San Antonio de los Banos）的帕蒂多（Partido）、圣克提·斯皮提图斯（Sancti Spititus）西部的雷米多斯（Remedios）、谢戈·德·阿维拉省（Ciego de Avila）的东北部等地。古巴大部分出口的雪茄烟叶来自乌尔塔·阿巴尤和帕蒂多，那里烟叶生长季节的平均气温为 26.5℃，平均相对湿度为 64%，平均日照为 8 小时，气候条件和土壤（红色沙质沃土）非常适合种植烟草。古巴可以生产茄衣、茄套和茄芯三种烟叶。

古巴雪茄烟叶烟味浓郁、富含香气，口感较为强烈，略偏于辛辣，并稍带胡椒味。尽管美洲以及其他国家的烟叶种子也有来自古巴的，但离开了古巴，受气候、土壤等因素影响，它们的味道就发生了改变。

古巴栽培的主要品种有 Corojo（科罗霍）和 Criollo（科里奥洛）。Corojo 带有黑胡椒的味道，香吃味浓郁丰富。Criollo 这个词的原意为"本土种子"，这个品种的种植历史可以追溯到 14 世纪晚期，现在种植的都是它的杂交品种，如 Criollo 98。Criollo 味道稍为温和，但仍然带有一点胡椒、可可、雪松、坚果的味道和一些甜味。

2. 多米尼加

多米尼加位于古巴的东南方，有着与古巴相似的气候和适合烟叶种植的各种条件，地属热带，加勒比海和大西洋的温暖洋流环绕该岛，保证了该岛全年都有适宜的温度和降雨量。

多米尼加是中美洲地区最大的烟草生产国，也是世界上最大的茄芯烟叶生产国之一。多米尼加主要的种植区集中在该国北部的圣地亚哥市，最著名的就是锡巴奥（Cibao）河谷，具体分布在纳瓦雷特（Navarette）、拉·卡内拉（La Canela）和维拉·冈萨雷斯（Villa Gonzalez）这三个区域。

多米尼加种植着多个雪茄品种烟叶，最主要的有三个：Olor Dominicano（奥洛·多米卡诺）、Piloto Cubano（皮罗托·库巴诺）以及 San Vicente（圣维森特）。Olor Dominicano 是多米尼加的本土品种，颜色呈深棕色，叶片较厚，具有劲头大、香气独特和燃烧性好等特点，主要用作茄套和茄芯；Piloto Cubano 品种源自古巴，风味特征明显，香气丰富，劲头和浓度较大，是很好的茄芯原料；San Vicente 是 Piloto Cubano 品种的杂交种，它的香气、劲头和浓度都较 Piloto Cubano 弱，而且略带酸味，常用作茄芯。

3. 牙买加

大约在 1875 年，古巴移民把烟草种子带到牙买加并在当地种植。牙买加是世界上公认的温和口感雪茄烟叶生产国，生产的烟叶主要用作茄芯。

4. 波多黎各

波多黎各已经种植和生产优质雪茄数百年，主要种植茄芯品种。当地烟叶的生产成本较高，因此该国的雪茄烟叶产量很小。

三、北美洲地区

美 国

美国优质雪茄烟叶的种植区位于康涅狄格河谷（Connecticut Valley），这个山谷里的土壤来自冰川时期，能生产出味道独特、口感较为清淡的雪茄烟叶。主要栽培的品种有三个：Connecticut Shade（康涅狄格州阴植品种）、Connecticut Broadleaf（阔叶品种）和 Cuban Havana（古巴哈瓦那品种）。

1900 年，一个古巴品种被带到河谷中，经过多年的种植和探索，成功培育出适合当地栽培的 Connecticut Shade 品种，逐渐替代了之前种植的苏门答腊品种。细致的叶脉，平滑的质感，浅棕色或金棕色的均匀一致的颜色，使得该品种烟叶成为最受欢迎的茄衣品种烟叶之一。

Connecticut Broadleaf 是一种阳植品种，叶片较大且较粗糙、叶片较厚，油分较大，经过深度发酵，可以得到大众市场流行的深色 Maduro 茄衣，是目前世界上少有的几个可以制作深色茄衣的品种之一。

Cuban Havana 在康涅狄格州的种植大概是从 1870—1880 年间开始的。这个品种来自古巴，经过多年的自然选择和生态适应，在康涅狄格河谷种植的哈瓦那品种与在古巴种植的已大大不同。该品种烟叶稍小，表面光滑，茎叶夹角较小，因此非常适合机械化种植。这一品种主要用作茄衣。

四、中美洲地区

1. 洪都拉斯

洪都拉斯的科潘（Copan）、东南部埃尔·帕莱索省（El Paraiso）的丹利镇（Danli）以及弗朗西斯科·莫拉赞省（Francisco Morazan）的塔兰加山谷（Talanga Valley）是雪茄烟叶的主产地。

洪都拉斯种植的雪茄烟叶品种主要是古巴品种，如 Crillo 98 和 Corojo 99。与古巴和多米尼加相比，洪都拉斯的气候更为炎热和干燥，雪茄烟叶整体特点与古巴类似，烟草香气浓郁，口感稍强烈且略带芳香。此外还有源自该国的野生烟草品种 Copaneco（科帕内科）以及 Connecticut Shade（康涅狄格州阴植品种）、Honduras‐Sumatra（洪都拉斯‐苏门答腊品种）。

2. 墨西哥

烟草在墨西哥的农业生产中占有重要地位。墨西哥雪茄种植中心位于港口城市韦拉克鲁斯（Veracruz）东南的圣安的列斯山谷（San Andreas Valley），坐落在火山和湖泊之间。圣安的列斯山谷的土壤异常肥沃，阳光充足，降雨量较小，因此当地生产的雪茄烟叶有较为独特的味道，且具有味道浓烈的特色。

最著名的墨西哥雪茄烟叶品种是 San Andreas Negro（圣安的列斯内格罗），主要用作茄套，此外它还是可制作深色的 Maduro 茄衣的品种之一。Mexican-Sumatra（墨西哥‐苏门答腊品种）也在圣安的列斯山谷种植的，用作茄套和茄衣。

19

3. 尼加拉瓜

尼加拉瓜雪茄烟叶的种植，同洪都拉斯等国家一样，始于古巴国家内乱。当时，许多雪茄种植者离开古巴，到了这些国家，同时带去了非常珍贵的雪茄种子。

尼加拉瓜北靠洪都拉斯，南临哥斯达黎加，气候与古巴非常相似，不过不同地区具有不同的微气候，温度范围较大；黑色、肥沃的火山灰土壤为雪茄烟叶的良好生长提供了矿物营养，且每个地区都具有独特的土壤特性和矿物质，因此，尼加拉瓜生产的雪茄烟叶各具特色，在口感和香气上有明显不同。该国的雪茄烟叶主要种植区集中在四个地方：埃斯特利（Estelí）、贾拉帕（Jalapa）、康德加（Condega）和奥米坦佩（Ometempe）。主要栽培的是古巴品种雪茄烟叶，如 Habana 2000、 Criollo 98 等，香气丰富，口感辛辣，味道醇厚。此外还种植着美国康涅狄格州的雪茄品种。尼加拉瓜主要生产茄套和茄芯烟叶，也生产少量茄衣烟叶。

五、南美洲地区

1. 巴　西

自从人类开始吸烟，巴西就在种植烟草。雪茄烟叶的种植从 20 世纪 60 年代开始在巴西兴起。巴西的主要种植区集中在东部的巴伊亚州（Estado de bahia）的一个狭长地带——雷孔撒弗（Reconcavo）盆地。这里地处热带，土壤肥沃，非常适合雪茄烟叶的种植，而且不同种植区具有各自不同的微气候，加上烟叶生产和调制技术的差异，烟叶的味道非常丰富。

　　如果你想给雪茄配方增加一些独特的味道，或者想寻找一种新的香味体验，巴西雪茄烟叶独特的香吃味绝对是不错的选择。在巴西，种植着几种独具特色的雪茄烟叶品种。最有名的 Mata Fina（玛塔·菲纳）品种烟叶，颜色较深，强度适中，香吃味丰富，香气浓郁，有一种天然的甜味，用作茄芯和茄衣，而且经过深度发酵可以做出非常好的深棕色的 Oscuro 和黑褐色 的 Maduro

完全由 Mata Fina 烟叶制作的雪茄

茄衣，在国际烟叶市场上非常受欢迎。巴西还种植着另外一种比较受欢迎的雪茄烟叶品种 Mata Norte（玛塔·诺特）。它生长在雷孔撒弗盆地北部比较干旱的地区，劲头和浓度很大、香气充足，主要用作茄芯，能给雪茄增加浓郁的咖啡和坚果风味。

　　此外，巴西还种植少量的劲头和浓度比较温和的 Mata Sul（马塔·苏尔）、颜色较深的茄衣品种 Brazilian-Sumatra（巴西-苏门答腊品种）、因味道浓烈且燃烧性好而出名的 Arapiraca（阿拉皮拉卡）和 Bahia（巴伊亚）等品种。

巴西雪茄烟叶是加勒比海和中美洲其他国家雪茄制造商的主要烟草来源。

2. 厄瓜多尔

自 20 世纪 60 年代以来，厄瓜多尔就一直在生产优质茄芯和茄衣烟叶。

厄瓜多尔因拥有 30 多座火山和极其丰富的火山灰土壤而闻名，因此土壤非常肥沃。大部分烟草种植在安第斯山脉的山麓小丘上，最有名的种植区位于海拔 3500 米、具有热带气候优势的山地和浓雾深林中。其独特的地理位置为雪茄烟叶种植提供了最适宜的气候环境，在雪茄烟叶的整个生长季节都是多云的天气，所以该地种植的茄衣烟叶被称为"云层下生长的烟叶"，叶片薄，叶脉细，颜色均匀一致。

厄瓜多尔栽培的两个主要雪茄烟叶品种分别是 Ecuadorian-Connecticut（厄瓜多尔 – 康涅狄格）和 Ecuadorian-Sumatra（厄瓜多尔 – 苏门答腊），两种烟叶在味道和口感上都比原产地更温和。此外还有少量 Ecuador-Habano（厄瓜多尔 – 哈瓦纳）种植，比在古巴种植的同品种烟叶表现为更辛辣，胡椒味、甜味和焦糖味也更明显。

3. 哥伦比亚

哥伦比亚生产的雪茄烟叶品种主要有 Carmen（卡门）、Ovjas（欧瓦加斯）、Zambrano（赞布拉诺）和 Plate（普莱托），主要用作茄芯。这些品种烟叶的主要特点是香味浓郁、浓度较大，是增加雪茄香味和浓度的优质原料。

4.秘　鲁

虽然种植雪茄烟叶的时间并不长，但是秘鲁有些地区非常适合雪茄烟叶生长。秘鲁生产的雪茄原料主要用作茄芯，特点是香吃味独特，许多知名雪茄品牌使用秘鲁雪茄烟叶以增加独特的配方味道。

六、非洲地区

喀麦隆和中非

喀麦隆和中非温湿度适宜，土壤肥沃，是非洲雪茄烟叶的两个主要生产国家。两个国家种植雪茄烟叶的地区常年被云层笼罩，所以即使种植茄衣烟叶也不需要遮阴措施。

两国主要种植 Cameroon（喀麦隆）品种。该品种由苏门答腊品种演化而来，被认为是除了古巴茄衣烟叶外最好的茄衣品种，味道适中，口感丰富，香气十足。Cameroon 品种叶片较小、较薄，颜色深棕色，香气丰富且富于变化，除了木质香气还带有黄油、黑胡椒、皮革和烤面包的味道，有轻微的辛辣味道和回甜，香气顺滑。

第二节　雪茄烟叶的栽培

适宜的自然生态条件是生产优质雪茄烟叶的基础。世界上优质雪茄烟叶产地集中在气候较温暖的地区，大部分在赤道附近的热带，纬度 15° 左右；相当多产地与海洋性气候有关，无明显的干旱天气。对雪茄烟叶生产影响较大的因素有温度、相对湿度、光照、降水和土壤等。

雪茄茄衣、茄套和茄芯烟叶对土壤的要求各不相同。优质茄衣和茄套烟叶的生长需要轻质土壤，要求土壤结构疏松，自然排水性能好。如印度尼西亚苏门答腊东海岸的优质茄衣烟叶产区，土壤大多是黑色沙壤土和细沙壤土；古巴比那尔·德里·奥省茄衣产区的土壤为红色沙壤土；美国康涅狄格州茄衣产区的土壤为沙壤土、细沙壤土和极细沙壤土。茄芯烟叶是雪茄香吃味的重要来源，因此它的生长需要较肥沃的土壤，要求种植土壤较茄衣和茄套烟叶黏重。除了土壤质地，pH 值对雪茄烟叶质量形成也有重要影响。通常土壤呈略强的酸性、pH 值在 5.5—6.0 之间较适宜，过高的 pH 值易导致根腐病的发生，过低的 pH 值会导致烟草锰中毒。

雪茄烟叶的生长主要分为两个时期：育苗期和大田生长期。

一、育　苗

种植雪茄烟叶时，不是直接将种子播撒在田地里，而是首先进行育苗，即在温度和湿度都非常适宜的环境下，使小小的烟草种子健康生长直至成为健壮的幼苗。育苗是在育苗棚中进行的，育苗棚提供的微环境更有利于幼苗的发芽和生长。

　　育苗方法也有多种。然而不管是最初的常规育苗，还是发展到现在的湿润育苗和漂浮育苗，育苗技术的不断提升都是为了培育壮苗，保证适时移栽，让雪茄烟叶有良好的生长基础。

育苗棚内播种后的苗盘摆放

　　从播种到移栽入大田生长，大约需要45天的时间。娇嫩的幼苗需要经过精心的照顾，才能最终被选中进入大田生长。除了保温、浇水等基本操作以外，还要把那些太密集的幼苗以及不健康的幼苗移出苗盘；在移栽入大田之前，为了使幼苗更快地适应大田相对恶劣的环境，要通过控制浇水和施肥、剪叶和通风等手段炼苗。育苗期还要注意病虫害的防治。苗床期猝倒病、白粉病和蚜虫等病虫害如果没有得到及时控制，会造成大片的烟苗损失，有可能导致移栽大田的幼苗数量不足或者质量不高，这样的幼苗即使后期给予再多的照顾也会因先天不足而无法生产出优质的烟叶。

播　种

待幼苗生长到大约 15—20 厘米，就可以把它们移栽进大田了。

二、移　栽

间　苗

生长健壮、根系发达的幼苗移栽进大田，就开始了为期 45—50 天的大田生长期。

1. 大田的准备

在移栽之前，要把种植烟苗的大田准备好，翻耕、杀菌消毒、起垄、灌溉等操作都必不可少。

根系发达的幼苗

在育苗阶段，田地中通常种有紫花苜蓿等植物，它们被称为"绿肥"。在翻耕准备土壤时，将绿肥翻入土壤，可以增加土壤中的有机质含量。为了避免土壤中残存的病害细菌和病毒以及虫、虫卵对烟叶生长造成破坏和影响，翻耕的同时要进行杀菌消毒操作。按照烟叶的生长特点起垄，并进行灌溉，种植烟苗的大田就准备好了。

剪　叶

起 垄

2.移栽幼苗

将健壮的幼苗按照一定的间距植入大田，并进行浇水、施肥等操作，就完成了幼苗的移栽。移栽后要观察幼苗的生长情况，那些因为不适应大田环境或者在移栽过程中受到伤害而不能健康生长的幼苗将被拔出，用新的幼苗代替。

幼苗移栽一般采用人工操作。随着技术的进步，现在已有专用的移栽机来移栽幼苗。

移栽入大田的幼苗

三、大田农事操作

雪茄烟叶的种植需要很多的劳动力，烟草幼苗进入大田以后，还需要农民精心的照顾才能生产出优质的烟叶，其中必不可少的操作有施肥、浇水、打顶、抹杈、病虫害防治等。

1. 施 肥

当幼苗适应了大田的环境后，烟株逐渐进入生长旺盛期，土壤中的肥料已经不能满足生长的需要，因此需要再次施肥，让烟株继续苗壮生长。雪茄烟叶大田的肥料以有机肥为主。据了解，有机肥的种类和施肥量对雪茄烟叶的香吃味影响是非常大的。

2. 浇 水

充足的水分是烟叶生长必不可少的。在生长过程中，要根据植烟土壤的实际情况、气候条件、播种移栽时间以及品质目标来确定浇水的方式和浇水量。

3. 打顶抹杈

烟株到了成熟期后会开花，还会不断长出许多新的腋芽。开花和腋芽的生长会消耗过多的养分，影响烟叶生长，因此需要及时进行处理。将雪茄烟株花序及时去

打 顶

除的过程称为"打顶"，将腋芽去除的过程称为"抹杈"。是否打顶、打顶早晚和留叶数量，是根据雪茄烟叶的用途和类型、品种特性以及土壤肥力和大田生长期等因素综合来决定的。

4.病虫害防治

大田期的病害主要有霜霉病和病毒病等，虫害主要包括烟青虫和蚜虫。病虫害的防治对于雪茄烟叶生产商来说非常重要，因为一场病害可能就会让一年的忙碌都白费。

四、阴植和阳植

雪茄烟叶的种植方法有两种：阴植法和阳植法。

1.阴植法

阴植法是指烟叶在田间生长过程中，烟株上方有一定遮挡物（篷布、遮阳网等）或者因自然条件（山谷多云地区）致使烟叶接受较少的太阳直射光的雪茄烟叶种植方法。通常茄衣烟叶采用阴植法。

雪茄烟叶生长过程不需要太强烈的阳光，特别是茄衣烟叶，因此采取遮阴措施可以提高雪茄烟叶的质量，

什邡雪茄烟叶基地阴植茄衣烟叶

主要表现在烟叶薄、叶脉细和质地柔软等方面。据文献记载，在1914年就已经有遮阴栽培的相关研究。遮阴篷布能够反射较多的直射光，在天气晴朗、光线充足的情况下，可以减少烟草植株接受的辐射能；空气流动也大大受阻，可以减少田间水分蒸发，提高相对湿度，因此用篷布进行遮阴效果较好。遮阴是人工创造的茄衣烟叶生产的适宜环境，对于雪茄烟叶的生长具有重要意义。

2. 阳植法

阳植法是指烟叶在露天条件下栽培的方法。由于烟株直接接受太阳光照射，上部烟叶干物质积累较多，叶面相对较厚，组织较粗糙，叶脉较粗，油分较足。

茄芯烟叶通常采用阳植法。根据茄芯烟叶在烟株上的位置，可以分为 Ligero（浅叶）、Seco（干叶）和 Volado（淡叶）三种类型（参见第一章第一节）。

阳　植

五、采　收

烟叶成熟以后，就可以采收了。

1. 采收时间

雪茄烟叶的采收时间，是由烟叶类型和烟叶的成熟变化决定的。雪茄烟叶的成熟是从烟株底部的烟叶开始，由下至上逐渐成熟的；成熟后，叶片的边缘由深绿色转为淡绿色或者黄绿色。

成熟的烟株

雪茄烟叶的采收要适时。采收过早，调制后烟叶颜色不饱满；采收过迟，烟叶颜色不鲜艳、组织粗糙、弹性较差。因此，只有经验丰富的种植者才能准确把握时间，在最合适的时间采收烟叶。

雪茄烟叶成熟采收场景

雪茄烟叶要在早上露珠消失后进行采摘，这样进入晾房的烟叶不会带有太多的露水。

2. 采收方法

阴植法和阳植法雪茄烟叶都要阶段性采收，这是因为烟叶是从烟株底部到顶部逐渐成熟的。采收时除了上述生理性成熟指标，还要结合烟叶的品种、用途、大田栽培情况以及环境条件综合考虑。

雪茄烟叶的采收主要有以下四种方式：逐叶采收法、带茎采收法、整株采收法和组合采收法。

逐叶采收法：就是从烟株的底部开始，将烟叶逐片摘下，具体采收次数和每次采收数量由烟叶品种以及成熟程度等决定。这种方法是雪茄烟叶采收的主要方法。

带茎采收法：是指采收烟叶的同时将连接烟叶的部分茎秆砍下来，通常是两片或者四片成对割下，使其一起进入调制阶段。带茎采收通常在打顶后两周开始，采收后需要在田间凋萎几个小时后进入调制。

整株采收法：是指将烟株整株从茎秆底部砍下采收的方法。这种方法主要用于制作深色茄衣，如巴西品种 Mata Fina（玛塔·菲纳）、美国康涅狄格州品种 Broadleaf（阔叶）以及墨西哥品种 San Andreas Negro（圣安的列斯尼格罗）就是采用这种方法。

组合采收法：在古巴雪茄烟叶种植地区的阳植烟叶会用这种方法采收，第一次采收只采摘底部的四片叶片，烟株上的其他烟叶在第二次一次性采摘完成。这种方法能提高产量和烟叶质量，提高工作效率。

雪茄烟叶的采收操作要非常细心：采摘时叶片上不能带有露珠或雨水；不损伤烟叶的完整度，尤其是茄衣烟叶，要保持叶片绝对平整，不可折断；刚采收下来的烟叶堆放时必须避免叶片发热，避免太阳暴晒，并迅速运到晾房。

第三节　雪茄烟叶调制

采收下来的绿色烟叶是不能直接使用的，需要将其放在晾房内，在适宜的温湿度环境下，经过一系列的物理、化学反应，初步形成具有一定加工性能的烟叶，这个过程就是调制。常用的雪茄烟叶调制方法有晾制法和晒制法。

晾制法是将采收后的烟叶（或带茎采收的烟叶）放置在一定的温湿度及通风条件（自然或者人工辅助）下，不经过太阳光直射，缓慢进行干燥和化学成分变化的一种雪茄烟叶调制方法。

晒制法是将采收后的烟叶放在露天场所接受太阳光照射，进行干燥和化学成分变化的一种雪茄烟叶调制方法。

目前雪茄烟叶调制普遍采用晾制法，一些传统的雪茄烟叶调制采用晒制法（实质是半晒半晾）。

调制是决定烟叶质量和用途的关键环节。在这个过程结束后，新鲜烟叶脱水萎蔫、变黄、内在物质不断转化，最终变成具有不同颜色、油分、成分等品质因素和内在质量的棕色烟叶，这些因素决定了烟叶的最终用途和经济价值。

一、调制场所

雪茄烟叶的调制需要一定的温湿度环境，所以要在可以调节温湿度和通风的专门房间中完成，也就是所谓的调制晾房。调制晾房的容量、内外部结构和内部层架搭建方法各不相同，这与各个雪茄烟叶产区的使用习惯、生产规模以及环境条件等有关，只要能满足不同烟叶的调制需求即可。有些雪茄烟叶产区，在调制期的外界环境不适宜时，晾房内还需要配备必要的通风排湿和加热设备等。

大型雪茄烟叶调制晾房(美国)

海南雪茄烟叶产区调制晾房

二、调制方法

晾制法：烟叶在晾房内进行调制，不接受太阳光直射，因此调制时间较长。烟叶进行缓慢的物质转化，转化速度较慢但

调制过程中的雪茄烟叶

程度较高，调制后烟叶干物质减少较多，一些影响香吃味的物质在转化过程中逐渐消失，因此烟叶通常较薄、组织细腻且韧性较好、叶脉细而不明显。

三、调制过程

1. 穿 烟

烟叶转运到调制房，首先需要将其穿起来挂在木杆上，这一操作称为穿烟。可以以针引线穿烟，也可以用长的铁丝穿烟（古巴雪茄烟产区），将烟叶以背对背或正面对正面的方式穿在线绳或铁丝上，然后挂上木杆。穿烟使用的木杆要求没有树皮和节点，同时具有一定的强度，可以支撑烟叶的重量。木杆

穿　烟

要求没有太大的韧性，这样烟叶的重量就不会导致木杆发生弯曲。一杆上穿烟的数量取决于烟叶的类型和叶片在植株上的生长位置。

2. 上　架

烟叶穿好之后，将它们挂在晾房内已经搭建好的层架上。要特别注意烟叶摆放的密度，留有足够的空间，利于通风，这样在调制过程中叶片才不会腐烂。

3. 温湿度控制

雪茄烟叶在调制时会散失大约80%的水分，因此晾房需要注意通风排湿。外界气温过低或者湿度过大时，烟叶有发霉的风险。当通风已经无法避免这种风险时，可采用加热的方法提高温度、降低湿度。最早的加热方式比较简单：在晾房的地面上每隔一定距离挖一个坑，放一些木炭点燃加热。这种方法有一定的缺陷，就是底层的烟叶干燥速度过快，而且明火有起火的危险。后来出现了铺管加热方法，加热设备在晾房之外，热水通过均匀铺设的管道进行加热。这种方法加热较为均匀，但是成本较高。

调制后期的烟叶

四、调制过程中的操作

不管哪种调制方法，在调制期都需要进行分离烟叶的操作。因为烟叶自身带有一定的油分，调制时叶片之间都会发生粘连，如果不及时处理，粘连的烟叶通常会失去使用价值。一是粘连烟叶调制后撕开，会造成烟叶破损；二是粘连的烟叶调制颜色不均匀，无法用作茄衣。为避免这样的损失，在调制过程中需要多次进行分离烟叶的操作。

此外，因为调制晾房内不同位置的温湿度有差别，在调制过程中可以通过移动挂烟的烟杆来保证烟叶调制质量的一致性。

五、调制后的下架

调制结束后，要把烟叶从烟杆上取下来并按照一定的要求收集在一起。将烟叶取下来的过程，称为"下架"。逐叶采收的烟叶尤其是茄衣和茄套烟叶，晾制结束后要及时下架以避免腐烂。烟叶下架之前，通常在夜间将烟叶暴露于空气中回潮，叶片柔软后就可以下架了。下架后的烟叶要进行分级扎把。

带茎采收烟叶干燥到与茎的连接处时表示调制结束，此时可将烟叶从烟株上剥离后分级扎把。但是在美国和欧洲的种植区，通常是将调制好的烟株继续悬挂，直到农闲或冬天才进行剥叶、分类、扎把和出售。

六、晒制法

雪茄烟叶的晒制

传统雪茄烟叶采用索晒，把新鲜采摘的烟叶穿在一根绳子上，然后均匀搭在架子上，通过太阳光的照射使烟叶完成蜕变。

茄芯烟叶通常采用晒制法调制。以晒制法调制，烟叶直接接受太阳光的照射，温度较高，烟叶在较短的时间失去水分，很快完成调制过程，因此烟叶的内在物质也只有很短的时间进行转化。与晾制法调制的烟叶相比，晒制法调制的烟叶转化速度较快而转化程度不高，散失不多，因此烟叶较厚，组织粗糙，叶脉较粗，但烟叶的内在香气也较足。

第四节　农业发酵

调制好的烟叶仍然不能进入卷制雪茄的工厂，还需要完成一个重要工序，就是发酵。雪茄烟叶的发酵，分为农业发酵和工业发酵两个发酵过程，农业发酵又称为一次发酵，工业发酵又称为二次发酵。

调制后的发酵就是一次发酵。烟叶在微生物和催化酶等作用下发生生物化学变化，烟叶内物质进行转化，香气物质逐渐形成，产生刺激性和杂气的物质不断分解，达到一种较适合加工的状态。这是一个初步发酵过程，其目的是为了得到更好的口感和味道，减少刺激气味，降低劲头，去除烟气的粗糙感、辣、苦涩等不良感觉。

农业发酵主要采用的方法有堆积发酵、装箱发酵和糊米发酵等。

一、堆积发酵

堆积发酵是国内外广泛采用的雪茄发酵方法，也是一种最基本的方法，适用于茄芯烟叶，也适用于部分茄套和茄衣烟叶。

堆积发酵是在一定含水量的条件下，按照一定顺序将一把一把的烟叶堆积成一定形状、高度和体积的烟堆，烟叶因发酵产生热量，发生生物化学变化，从而改进烟叶品质和加工特性。堆积发酵过程中要随时观察烟堆中间的温度变化，达到一定温度时要注意翻堆，即将内部和外部、上部和下部的烟叶位置进行调换，一方面避免烟堆内温度过高过度发酵，导致烟叶失去使用价值，另一方面让发酵进行得更加均匀，使烟叶品质一致性更强。

雪茄烟叶堆积发酵的烟堆

二、装箱发酵

国外多采用此方法对茄芯烟叶和茄套烟叶进行发酵。将烟叶装在能容纳 100—175kg 烟叶的木箱内（箱高 76cm，宽 76cm，长 90—132cm，具体长度根据烟叶长度确定；木箱两端的中间留有宽 1.5cm 左右的缝隙），顺长排列烟把或烟叶，梗头距离箱头 4cm 左右，以利于空气流通。此法可单独使用，也可先进行堆积发酵，而后再进行装箱发酵。

三、糊米发酵

这是四川省什邡市雪茄烟叶的一种传统发酵方法，也是目前国内雪茄烟叶发酵方法中比较完整和很有成效的一种方法。发酵后的烟叶为红褐色，光泽度好，香吃味较为醇和，烟香较浓而纯净。

1. 糊米水的制作

将大米炒至外层焦煳、中心直径 0.5 厘米左右仍为白色的时候，立即倒入开水中（水∶米 =3—5∶1）熬煮 10 分钟以上，去渣过滤得到糊米水。

2. 糊米发酵

将糊米水喷洒在烟叶上，然后再进行堆积发酵，使用比例大约是每 100kg 烟叶加糊米水 30kg 左右，堆积发酵过程中翻堆 3—5 次。这一过程持续大约 20—40 天，随季节气温高低而异。

3. 发酵后的陈化

糊米发酵后，当烟叶水分达到安全贮存要求时，喷加白酒0.3%—0.5%后打包成捆，进行半年以上的陈化。这个过程能有效地提高香气、吃味和燃烧性。陈化期间也要注意观察烟堆内的温度变化，温度过高时要及时翻堆。

雪茄烟叶在农业发酵之后，就可以按照农业分级的要求进行分级。雪茄烟叶分级没有通用标准，各国的分级标准都不相同。分级后的烟叶可以打包后存放，这个过程称为烟叶的陈化。一般雪茄烟叶至少在仓库中陈化9个月以上才会进行出售，有的浓度大的烟叶要陈化两年以上才出售，所以国际雪茄烟叶销售市场上很少会出现当年的烟叶。

第五节　工业发酵

工业发酵是指雪茄烟叶原料进入工厂以后，根据各品牌风格定位，采用不同方法和技术，在一定的温湿度条件下再次进行发酵，使烟叶香气更加丰富醇和，杂气刺激性减少，同时塑造产品所需的风格特征。

一、堆积发酵

工业发酵的堆积发酵，方法与农业发酵一样，主要用于那些农业发酵阶段中发酵不彻底或者烟叶品质未达到使用功能要求的茄芯烟叶。

堆积发酵过程中翻堆

二、市桶发酵

指将烟叶整
齐摆放进橡木桶
中，然后放到一
定温湿度的发酵
房进行发酵。要
使用储存过红酒
的橡木桶，红酒
中的单宁等物质
对烟叶的发酵具
有独特的作用。

橡木桶发酵

43

三、Maduro 烟叶的发酵

Maduro 在西班牙语中是"成熟"的意思，在雪茄文化范畴里，它是指棕褐色接近黑色的茄衣颜色。由于这种茄衣颜色最初在西班牙市场上流行，所以又被称为"西班牙市场之选"（SMS, Spanish Market Selection）。 此 外，

Maduro 烟叶

Maduro 还代表了需要经过独特工艺流程得到的特殊烟叶——Maduro 烟叶，用这种茄衣烟叶卷制的雪茄也因此有了一个专门的名字，即 Maduro 雪茄。

大多数雪茄烟叶是在38—49℃的环境下进行发酵的，而 Maduro 茄衣烟叶需要较高的温度。来自康涅狄格州的 Broadleaf（阔叶）品种至少要在52℃以上才能正常发酵，而要制作 Maduro 茄衣则需要更高的温度，最高甚至可以达到65℃。这种高温发酵使得烟叶变为深棕色或者近黑色，味道醇和浓郁，而且发酵时间越长，颜色越深，茄衣的味道也越温和[1]。

Maduro 茄衣烟叶的制作工艺已经出现很多年，其间不断有新的技术取代老的方法，但是大部分国外公司精通该特殊工

---

[1] 范静苑、曲平治、李爱军等：《Maduro 茄衣烟叶的特点及制作工艺》，《安徽农业科学》，2012，40（33）：16353—16354，16382。

艺的人员并不会完全公开他们的技术。一般常用以下两种方法：

1. 自然发酵法

茄衣烟叶在按照一般程序和时间结束发酵后，继续放置于发酵室更长的时间，如果不升温加湿的话，烟叶颜色基本不会改变，但会更加均匀一致，味道趋于温和；如果适当地提高室内温湿度，烟叶颜色还会进一步加深，而且可以缩短制作时间。

在古巴，个别生产商会利用烟株茎秆内的汁液作为发酵过程中水分的来源，这个工序不仅是为了加深烟叶的颜色，更重要的是为了增强辛辣味道。这是古巴雪茄烟叶的一个突出特点。其缺点是费时费力，操作难度大，成本高。

2. 压力发酵法

烟叶正常发酵过程中，烟堆内部温度会不断升高，促进烟叶内部进行生物化学变化，改进烟叶品质和加工特性。在这个过程中需要翻堆若干次，避免烟叶内部温度过高，使发酵更加均匀。

Maduro 烟叶生产商会在茄衣烟堆上面增加重量来压紧烟叶，这样在发酵过程中就可以更好地提高内部烟叶的温度，从而达到制作 Maduro 烟叶的条件，这就是压力发酵法。当然，在这个过程中更要随时掌握堆内温度，适时翻堆，防止温度过高导致烟叶内部发生"自燃"，颜色发黑并且失去本身的香气。生产商在发酵过程中还会让烟叶接受较多的太阳光照射来提高温度。

压力发酵法发酵烟叶

四、蒸汽加工法

将烟叶放入一个温度在82℃或者更高的、充满蒸汽的房间里大约60—120分钟即可。这可能是最简单有效的方法之一，却经常被忽视。使用该方法得到的烟叶颜色非常深且色泽均匀，正反面颜色一致，通常用于卷制味道较为柔和的Maduro雪茄。

有一点需要注意，尽管这个过程很简单，时间也很短，但是需要十分小心。如果加工时间过长或者温湿度过高，就会使制作出来的Maduro烟叶平淡无味，且在明亮的光线下可以看到叶片的表面出现灰色和银色的光泽。所以准确地控制每一个因素很关键。

第六节　雪茄烟叶预处理

烟叶发酵之后也不能马上使用，需要处理成能用于卷制雪茄的状态，如适宜的水分和合适的大小等。这个过程就是预处理，主要包括去梗、整选分级和水分平衡等工序。

一、去　梗

烟叶最中间的叶脉，称为主脉或烟梗。较粗的烟梗如果卷制进入雪茄的话，会发生燃烧速度不均匀、偏燃或内燃等不正常燃烧的现象；同时，为了卷制操作的方便，烟叶的主脉也需要提前去除。去除主脉的方法有两种：全去梗和蛙腿去梗。

全去梗，顾名思义就是将烟叶的主脉全部去除，茄衣、茄套和部分茄芯烟叶采用这种方式。

蛙腿去梗，即从烟叶基部到叶尖，将三分之二左右的烟梗去除。该方法因去除烟梗后的烟叶形似蛙腿而得名，常为茄芯烟叶所采用。有的茄芯烟叶在农业发酵之后、分级包装之前就完成蛙腿去梗了。

蛙腿烟叶

二、整选分类

去梗之后，根据烟叶的种类、特点以及用途等要求，将烟叶分成不同的类别以方便使用，即为整选分类。

雪茄烟叶的整选分类

三、水分平衡

处理完的烟叶通常水分不均匀或者不能满足卷制需要。水分过大或过小，都会破坏配方烟叶在整支雪茄中的比例，从而影响雪茄的香吃味。水分过小，烟叶还会在卷制操作时破碎而造成浪费。因此需要在使用前进行一次水分的平衡，把烟叶水分处理成适合卷制雪茄的水平。平衡后的烟叶就可以储存待用了。

第七节 雪茄的卷制

每一片烟叶都不相同，每一支雪茄都是不同烟叶的组合，每一位卷制大师对自己卷制的雪茄赋予的情感也都不同，因此，每一支雪茄都是独一无二的。雪茄的卷制是艺术和技艺的结合，是一件完美的手工艺术品形成的过程。

一、雪茄的卷制工具

雪茄的卷制主要是人工完成的，但是在这个过程中也需要借助一些工具和辅助材料。常见的工具有裁切刀、剪刀、切尾刀、茄帽刀、卷制面板、环规尺、电子秤、推胚器和定型器等。辅助材料主要是粘合剂。

雪茄卷制工具

月牙刀

1. 裁切刀

裁切刀用金属制成，较为坚硬且锋利，常见的有月牙刀和滚刀两种。根据雪茄规格要求，使用相应的裁切刀裁切茄衣、茄套烟叶，使其满足卷制需求。

2. 剪　刀

剪刀主要用于雪茄卷制过程中边角的修剪和整理。

3. 切尾刀

由长度标度、槽型托面以及坚硬的切割刀等构成，主要作用是根据雪茄产品长度要求快速地切割烟胚或烟支端面。

4. 茄帽刀

制作圆形茄帽的工具，通常为一种圆形刻刀。

5. 卷制面板

通常由无香味的、较为坚硬的木材制成，呈长方形、圆形或者半圆形。铺叶、裁切烟叶、卷胚和上茄衣等主要卷制工序都在卷制面板上完成。

6. 环规尺

主要用于测量雪茄烟胚和烟支的尺寸。

7. 电子秤

用于定量称量以及检验各类雪茄烟叶、烟胚和烟支的重量。

8. 推胚器

推胚器是短芯叶雪茄烟胚卷制必不可少的工具之一，也可以用于长芯叶雪茄卷制。与手工卷胚相比，用推胚器制作烟支具有形状和圆周一致、卷制效率高等特点。

推胚器

9. 定型器

定型器是根据雪茄制品的规格和型状的需要，使雪茄内胚在一定时间内保持固定形状的专用器具，一般用木质、无毒性塑材或金属等制成。

10. 粘合剂

雪茄粘合剂为雪茄卷制过程中的主要辅助材料。粘合剂必须为无毒性、可食用且燃烧无异味的材料，主要用于粘结茄套、茄衣、茄帽边缘，使雪茄具有完美平滑的外表，燃烧时不因受热而使茄衣脱落。

二、雪茄的卷制步骤

雪茄的卷制主要分为烟胚卷制、烟胚定型和上茄衣三个主要步骤。

1. 烟胚卷制

雪茄由内到外由三层烟叶组成，依次是茄芯、茄套和茄衣。烟胚是茄芯和茄套的组合。烟胚卷制就是指使用茄套，将不同功能作用的茄芯烟叶或烟片卷制成形状和规格符合产品设计要求的雪茄半成品。它不是简单的茄芯烟叶组合，每一支雪茄的配方都是经过精心设计的，卷制的过程也极其需要技巧和耐心。

烟胚卷制的主要步骤如下：首先，将茄芯烟叶按照配方设计的长度和重量等要求裁切并称重，按照固定的顺序组合成叶束。然后，选取茄套烟叶，平铺在卷制面板上，将所有的茄芯叶束握紧后放在茄套烟叶上，从烟叶的一角开始卷制，卷制至

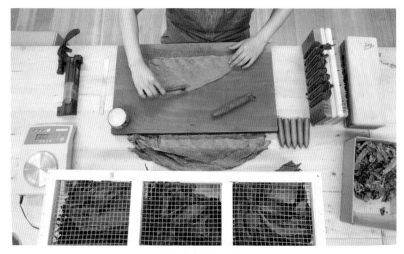

雪茄卷制现场

称　重

裁切好的茄芯

整理茄芯

用茄套卷裹茄芯

头部位置后，在茄套烟叶上涂抹粘合剂并固定茄套，用剪刀或裁切刀将多余的烟叶除去。烟胚卷制过程中必须要做到烟叶分布均匀、卷制的力度一致，只有这样才能保证雪茄吸食起来烟气顺畅、燃烧均匀。

卷制烟胚也可以使用推胚器来完成。除了省力之外，推胚器卷制的烟胚圆周更加均匀一致，外观也更加光滑平整。

推胚器卷制烟胚

2. 定　型

把卷好的烟胚放入定型器中定型，目的是将手工卷制的烟胚定型为圆周和型状均匀一致、外观更加平整的烟胚。在定型过程中，还有一个非常重要的操作——翻转，就是把定型一段时间的雪茄在定型器中翻转一定的角度，以保证烟胚的每一个面都光滑平整。

3. 上茄衣

定型翻转

施压定型

茄衣质量判定

茄衣裁切

上茄衣

定长裁切

烟胚定型后，就可以上茄衣了。这一步决定了雪茄产品的"卖相"，也就是消费者对雪茄的第一印象。

在上茄衣之前，首先要对

上茄帽

茄衣烟叶质量进行判定。茄衣是雪茄的最外层，一支完美的雪茄，茄衣一定是完美的。因此，在卷制茄衣之前，需要先判断茄衣烟叶上的最佳使用部分，然后平铺在卷制面板上进行裁切。接着，将烟胚放在茄衣烟叶上，从一角开始卷制至头部，然后在茄衣烟叶上涂抹粘合剂并使其固定在烟胚上，用剪刀将多余的茄衣烟叶剪去。最后，按照产品设计要求，将雪茄裁切成固定的长度。

对于圆头平尾的雪茄来说，还有一个步骤就是上茄帽：用茄帽刀在茄衣烟叶上裁切出一个与雪茄头部大小对应的圆形小叶片，涂抹粘合剂之后将它固定在雪茄的头部。也有的雪茄是以不同的"辫子"收头的，辫子的种类也有很多，比如扇形辫、猪尾辫等。

4.质量检验

雪茄卷制过程中，质量检验是必不可少的。每个雪茄生产工厂都有专门的质量检验人员，专门从事质量检验的工作。从雪茄的外观质量到内在品质，如烟胚和成品的长度、圆周、重量、松紧度、外观以及吸阻等指标，都在检验的范围内，以保证出厂的每一支雪茄都是合格的产品。

用于检测雪茄环径（圆周）的环规板

吸阻检测

第八节　养护（工业养护）

卷制好的雪茄不能马上就吸食。为什么呢？首先，卷制雪茄前为了提高烟叶的耐加工性，烟叶都被处理成水分较高的状态，而水分过高的雪茄在感官质量上会表现出明显的辛辣味；第二，组成雪茄的几种烟叶只是结构的组合，并没有达到成分的融合。因此，雪茄香吃味的协调性有待进一步提高。

　　雪茄的养护主要分为三类：工业养护（雪茄烟支在生产企业内的养护）、销售商养护（雪茄产品在销售商处待售时的养护）以及私人养护（消费者购买后的自行养护）。卷制后的养护，即工业养护，是指将卷制好的雪茄放在一定温湿度环境下，经过一段时间的储存养护，使其整体水分平衡且达到包装需要；更重要的是，雪茄的内在化学成分经过分解转化，不利物质转化为有利物质，整体感官品质达到更佳状态。这是雪茄产品在出工厂前最后一道非常重要的工序。

雪茄养护间

　　雪茄品质的形成绝大部分都在工业养护阶段完成并固定，一是因为进行品质提升最好在雪茄卷制成型后立刻进行；二是因为生产企业具有良好的养护环境和技术手段保证雪茄品质的提升；三是雪茄在卷制成型后有很长一段时间在生产企业中待售，工业养护的好坏直接影响产品最终的品质。

一、雪茄养护技术要求

1. 养护环境要求

关于雪茄的养护环境温湿度，国外一直采用"双70"的要求，即温度70华氏度（约21℃），相对湿度70%。这个温湿度并不是绝对的，可以根据雪茄的养护状态进行调节，每个雪茄工厂都有自己的温湿度要求。

2. 养护介质

雪茄的养护大多在西班牙雪松木制作的养护柜或养护盒中完成，因为西班牙雪松木不但具有较好的调节水分的功能，还能防虫，同时能赋予雪茄独特的雪松木香气，在长时间的养护过程中，能保证雪茄的品质稳定。

3. 养护时间

雪茄的养护时间是根据雪茄的特性和用途而定的，最佳的养护时间是从5年到20年。一般来说，浓度型雪茄，即配方烟叶本身强度和浓度都较大的雪茄，随着养护时间的推移，烟叶之间的协调性不断提升，香吃味更加醇和；而淡味型雪茄的养护时间不宜过长，否则容易变得寡淡无味。

二、雪茄养护过程中的一些现象

1. 霉变和开花

霉变：霉变通常在雪茄上成片存在，仔细观察可以看到网状和丝状的菌丝，这些菌丝不容易从雪茄上脱落。发霉的雪茄，如果只是表面发霉，尽快处理后隔离存放还能补救；如果是内部发霉，雪茄的味道已经被严重影响，这个时候要引起重视，因为很可能是养护环境出现了较大的异常。

开花：开花是茄衣烟叶上油和糖的结晶，也有的说是盐的结晶。如果把开花的雪茄拿在手里转动，在光线下它会微微发光，而且其分布通常比那些暴露出斑点的霉菌要均匀。这些晶体很容易脱落，手指轻轻一抹就掉了。开花现象较为少见，只有在温湿度非常适宜、长时间的养护条件下才能发生，因此常常被认为是养护较好的雪茄才会出现的一种现象。

霉　变　　　　　　　　开　花

2. 虫　害

雪茄烟叶是一种农业产品，因此烟叶的生产过程中不可避免会受到虫的影响。即使在工业制造的过程采取了冷冻或者药物熏蒸等手段防控虫情发生的潜在威胁，也不能完全杀灭、消除肉眼看不到的虫卵。

　　雪茄养护和存放过程中常见的虫害为烟草甲虫。这是一种生命力和繁殖力都极强的害虫，一旦环境适宜，它们就会孵化并开始吃雪茄，能在短时间内将珍贵的雪茄变得毫无价值。被甲虫影响的雪茄，茄衣上出现小小的洞，雪茄周围会有黑色粉末，这是烟草和甲虫粪便的混合物。

　　一般来说，一支雪茄出现了甲虫，很有可能周围的雪茄都已经被甲虫"扫荡"过了，即使茄衣表面还没有虫洞。这个时候除了将明显被甲虫啃食过的雪茄处理掉之外，还要把同一个养护工具中的其他雪茄全部采取冷冻或熏蒸的方式除虫。

烟草甲虫

烟草甲虫
在雪茄上
啃噬的洞

第九节　选色

　　雪茄在包装之前还有一个很重要的工序，就是选色。在雪茄卷制之前，茄衣已经按照颜色进行了初步的分类，但是，为了保证同一批次或者同一盒内雪茄颜色的一致性，还需要进行更加细致的选色。

据了解，同一款雪茄选色，可以细分为 64 种甚至 128 种。

选 色

第十节 包 装

雪茄产品的包装是雪茄品牌风格和内涵的代表元素之一。国内外雪茄市场上的雪茄包装材料种类多样，在材质、大小、作用、形状和容量等方面都五花八门，这是由雪茄本身的特殊性决定的。

雪茄价格通常都较高，除了基本的保护和宣传作用外，雪茄的包装还有保香、增香、收藏等作用。

一、单支雪茄的包装方法

1. 茄　标

茄标是几乎所有雪茄都要使用到的一种材料。茄标是指固定于雪茄烟支上的用于展示品牌名称、产品系列、产地、产品特色等文字和图案信息的一种包装材料。根据在雪茄上的位置，茄标可以分为主茄标、副茄标和尾茄标。主茄标通常是指距离雪茄头部（抽吸端）最近的第一个茄标，副茄标一般位于主茄标以下，尾茄标位于雪茄的尾部（燃烧端）。三种茄标可以同时存在，也可以以"主茄标＋副茄标"或"主茄标＋尾茄标"的形式组合出现[1]。

据说，茄标是西班牙贵族为了防止手被弄脏而发明的；也有传说称，一位名叫古斯塔夫博克的荷兰广告和促销天才宣称，茄标帮助雪茄茄衣不会松散，从而使茄标流行起来。在吸食雪茄时是否需要取下茄标由雪茄客的个人喜好决定。此外，由于其丰富的图形和文字内容，茄标也成为一种流行收藏品。

主茄标＋副茄标组合　　　　　　　固定茄标

[1]　范静苑、贾玉红、周婷等：《雪茄指环的起源与发展概述》，《消费导刊》，2020（48）：223。

2. 玻璃纸套

玻璃纸套包装的雪茄

玻璃纸套是一种由玻璃纸制作的包裹单支雪茄的筒状包装材料。玻璃纸是用再生纤维素制成的透明薄片，它对空气、油脂、细菌和水等具有低渗透性，非常适合包装雪茄。

3. 雪松薄片

雪松薄片是一种由雪松木制作的包裹雪茄的薄片包装材料，除了能保护雪茄、保证雪茄品质以外还能赋予雪茄雪松的香味。雪松薄片可以直接包裹雪茄，也可以放置于铝管内使用。

雪松薄片包装的雪茄

4. 铝箔（纸）、金箔

20世纪20年代，人们开始使用铝箔这种材料包装雪茄。

金色铝箔纸包装的雪茄

因为成本太高，后来逐渐替换成现在使用的铝箔纸。常用的铝箔纸有金色铝箔纸和银色铝箔纸，通常制作成筒状包装单支雪茄，也可以将一定数量的雪茄裸烟包裹成捆。

使用金箔包装雪茄，通常是将金箔缠绕于雪茄上。由于造价较高，目前只有在限量版等雪茄中可以见到这种包装方式。

金箔包装的雪茄

5. 包装管

包装管是用不同材质制作成筒状的包装材料，有铝管、玻璃管、塑料管、金属管、皮管和雪松管等。这些管状材料较为坚固、严实，更有利于雪茄的保存，便于携带。

金属管包装的雪茄

6. 小型滑盖木盒

木质的可以放单支雪茄的滑盖盒，一般价格较高或者尺寸非常大的雪茄使用这种盒子包装。

二、多支雪茄的包装方法

雪茄通常是成盒出售，所以除了单支包装外，还有多支包装。常见的包装方式如下。

1. 木　盒

雪松木盒包装较为常见，包装的数量一般为 5 支、10 支、25 支或 50 支。

木盒包装

还有一种容量较大、具有保湿功能的木盒，我们称它为保湿盒。有些保湿盒外形设计独特，做工精美，除了养护雪茄外，也是值得收藏的艺术品。

多层保湿盒

中国雪茄博物馆收藏的哈勃生前使用的保湿盒

2.纸　盒

纸盒是比较常见的一种包装方式。由于成本远低于木盒，而且颜色和图案可以更加丰富，外表更具设计感，纸盒是各大雪茄制造商非常喜欢使用的包装。

纸盒包装（4支装）

纸盒包装（铝管5支装）

3. 金属盒

金属盒包装能较好地保护雪茄，同时非常适合外出携带。

铁盒包装

4. 罐包装

20世纪20年代初期出现了陶瓷罐装和玻璃罐装雪茄，后来又出现了铝罐和铁罐装的雪茄。这种包装方式常见于限量版等雪茄中，同一包装中雪茄数量较多。

长城雪茄陶瓷罐

长城雪茄保湿罐包装

5. 纸包装

采用玻璃纸和铝箔纸直接包装多支雪茄的方法。使用这种包装的雪茄通常价位较低，同一包装中雪茄数量较多。

第三章　雪茄的规格和型号

第一节　雪茄的规格

雪茄的规格数不胜数，长短粗细各不相同。雪茄的规格通常用长度（Length）和环径（Ring Gauge）两个指标表示。其中长度用英寸表示，1 英寸约等于 25.4 毫米；粗细用"环"表示，1 环相当于 $\frac{1}{64}$ 英寸。

举例对雪茄规格进行简要的说明：一支环径为 45 的雪茄，其实际直径为 $\frac{45}{64}$ 英寸，即 18 毫米。以雪茄规格 5×33 为例，第一个数字"5"表示雪茄的长度为 5 英寸（127 毫米）；第二个数字 33 表示烟支最粗部分的直径，单位是环，其数值为 $33 \times \frac{1}{64}$ =0.51 英寸（13 毫米）。所以 5×33 就代表这支雪茄的长度为 127 毫米，直径为 13 毫米。

雪茄的味道与其长度和直径有较强关系。直径大的雪茄所用烟叶较多，味道更丰富，抽吸时间较长；直径小的雪茄烟叶填充量较小，味道较弱，抽吸时间较短。茄衣对雪茄的味道起决定性作用。

第二节　雪茄的型号

雪茄根据型号，大致上分为规则圆柱形雪茄（Parejos）和异形雪茄（Figurados）两大类。

一、规则圆柱型雪茄

规则圆柱形雪茄，其烟体主要形状是圆柱形，尾部开口，头部封闭，并且从头到尾环径都是一样的。

规则雪茄根据其尺寸分为 Corona（科罗纳/皇冠）、Churchill（丘吉尔）、Robusto（罗布斯图）、Panatela（潘那特拉）等。

1. Corona（科罗纳/皇冠）

这是基准尺寸，其他所有的尺寸都以它为基础。传统 Corona 的尺寸为 $5\frac{1}{2}$ 英寸（140mm）到 6 英寸（152mm），环径 42 至 44（16.67—17.46mm）。

2. Petit Corona （小科罗纳）

小号的 Corona 雪茄通常长为 $4\frac{1}{2}$ 英寸（115mm），环径是 40 到 42（15.88—16.67mm）。

3. Double Corona （双科罗纳）

标准尺寸是长为 $7\frac{1}{2}$ 英寸（192mm）到 $8\frac{1}{2}$ 英寸（216mm），环径为 49 至 52（19.45—20.64mm）。

4. Churchill（丘吉尔）

真正以丘吉尔命名的大的规格，是大的 Corona 版，标准尺寸是长为 7 英寸（178mm），环径为 47（18.65mm）。

5. Robusto（罗布斯图）

这款雪茄短而胖，现在已经成为国际市场上非常流行的雪茄。Robusto 一般是 $4\frac{3}{4}$ 英寸 (121mm) 到 $5\frac{1}{2}$ 英寸 (140mm)，48 到 52 环径 (19.05—20.64mm)。

二、异形雪茄

特殊形状的雪茄即异形雪茄，西班牙语称为 Figurados 雪茄，主要有 Pyramid（金字塔型）、Torpedo（鱼雷型）、Perfecto（橄榄型）等。

1. Pyramid（金字塔）

指尾部敞开、顶部是锥形、茄身也是锥体形的雪茄，一般长度为6到7英寸（152—178mm），顶部的环径为40（15.88mm），尾部的环径为52到54（20.64—21.43mm）。这款雪茄很值得珍藏，因为它顶部锥形区的口感很丰富。

2. Belicoso（标力高）

即小型的 Pyramid。金字塔雪茄头呈圆锥形，一般长度为 5 到 5$\frac{1}{2}$ 英寸（127—141mm），环径为 52（20.64mm）。当今的 Belicoso，通常是 Corona 和 Corona Gordas 加上锥形雪茄头。

3. Torpedo（鱼雷）

一支真正的 Torpedo 现在已经很少见了。它的尾部可以是封闭的，顶部呈锥形，可分为双尖鱼雷和单尖鱼雷（由尾部是否封闭决定）。

4. Culebra（蛇型）

Culebra 雪茄可能是最具有异国情调的雪茄，它由多支雪茄像蛇一样缠绕在一起，用一根带子绑起来，一起出售，分开抽完。一般长度为 5 到 6 英寸（127—152mm），环径为 38（15.08mm）。

第四章 雪茄的类型

第一节 按照生产制造方法分类

按照生产制造方法进行分类，雪茄可以分为手工雪茄、机制雪茄、卷烟型雪茄三种。

1. 手工雪茄

采用长芯作为茄芯，整支雪茄包括茄芯、茄套、茄衣，完全由人工卷制而成，只使用定型器等简单的工具辅助。

2. 机制雪茄

整支雪茄由内到外全部或部分由机器制造。使用短芯作为茄芯，由机器卷胚，手工或机器上茄衣，根据茄衣材质分为天然茄衣机制雪茄和薄片茄衣机制雪茄。

3. 卷烟型雪茄

指满足《雪茄烟》系列国家标准规定的产品技术要求，且茄芯由烟丝构成的雪茄产品[1]。

---

[1] QB/SCXJ G SJ014-2019.A3 产品分类规范。

第二节　按照组成成分分类

1. 全叶卷雪茄

各部分都是由烟叶加工制成的雪茄，先用茄套将雪茄茄芯卷制成型，然后再用茄衣进行外部卷制加工。

2. 半叶卷雪茄

在卷胚器的作用下用薄片纸将茄芯包裹成型，然后用茄衣烟叶进行卷制加工而成的雪茄。

第三节　国外分类

1. 美国雪茄的分类

烟草制品通常按重量征税，美国以 1000 支雪茄重量为标准将雪茄分为大雪茄和小雪茄。各州采用的界定标准有所不同，但总体上以每 1000 支重量 3 磅（约 1.36 千克）左右为分界线，即大于 3 磅的为大雪茄，小于 3 磅的为小雪茄。

纽约州将小雪茄定义为"每 1000 支重量小于 4 英磅（1.81 千克），完全或部分由烟草制成，用天然烟叶作为茄衣进行卷裹，以吸食为目的的卷状物"，意味着采用天然茄衣卷制才能被认为是雪茄。

2. 欧盟雪茄的分类

欧盟也是按照雪茄重量进行征税，并根据雪茄烟支中烟草成分含量和单支重量对其进行了界定和分类，分为三大类：完全由烟叶制成的烟卷，外部采用烟叶作为茄衣的烟卷，以及单支重量不小于 1.2 克、由混合烟片制成茄芯、具有雪茄自然色泽茄衣的烟卷。

第四节　国内分类

根据我国《雪茄烟》国家标准（GB/T 15269.1–2010）[1]，雪茄以烟支单支重量划分型号，分为大号、中号、小号、微型四种，具体如下表：

型号	m（g/ 支）
大号	m ≥ 6.0
中号	3.0 ≤ m<6.0
小号	1.2 ≤ m<3.0
微型	m<1.2

---

[1]　《GB/T 15269.1–2010 雪茄烟》第 1 部分：产品分类和抽样技术要求。

第五章 雪茄的养护

雪茄和香烟不同。香烟是生产日期越近的越新鲜、越好；雪茄需要养护，经历过醇化的过程，雪茄的口感和香气将变得更加醇正。一包香烟可能一天就抽完了，但是一盒雪茄需要一个月甚至更长的时间才抽完。这时候，雪茄的储藏就显得尤为重要。

雪茄需要保存在一定湿度的环境中，理想的温度是 60—70 ℉（约 16—21℃），相对湿度在 65%—70% 之间。

第一节 私人养护

私人养护雪茄通常采用保湿盒。理想的保湿盒由无异味的雪松木制成，配备有湿度计和加湿器。湿度计主要用于观察保湿盒内的湿度情况，超出正常范围，就要相应增加或减少水分。加湿器主要用于增加水分，以常检查盒内保持盒内的湿度。

利用保湿盒养护雪茄，建议放在温度为 20℃ 左右的室内，同时要经常检查盒内雪茄储存情况，以避免雪茄因湿度不够而干裂或因湿度过大而发霉。如果没有专业保湿工具，可以把保湿盒放在橱柜里并放一块湿海绵保持环境湿度；也可以把雪茄盒放在塑料袋里，保持雪茄盒半开状态，以防止水分蒸发，在放入之前还要往袋子里喷点水，增加一些环境湿度。

如果没有专业的保湿盒，一些专家建议将雪茄储存在密封的袋子里，在密封之前将袋中多余的空气排出，然后放在冰箱的蔬

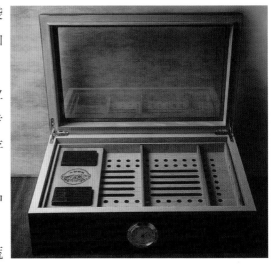

菜保鲜储藏格室。但在这种情况下，在抽之前，需要至少要提前半小时从冰箱拿出雪茄，让雪茄恢复到室温。许多人不赞成使用这种储存方法，因为它对于雪茄的品质提升并没有任何效果，属于没有办法的办法。

许多雪茄商人会使用拉链保湿袋或其他可密封的塑料袋子邮寄雪茄给大客户。这种包装对雪茄储存是非常好的，特别是在想要携带雪茄旅行时。

如果雪茄储存在温暖的环境中，有时会出现小虫子，尤其是烟草甲虫，因为较高的温度会使虫卵孵化。雪茄不应存放在阳光直射或风直吹的地方。如果在低温下储存雪茄，必须稍微提高环境湿度以保证雪茄的水分。

第二节　零售商养护

对于零售商来说，养护的方式与消费者略有不同，因为他们需要养护更多的雪茄。就经营场所而言，并非所有的雪茄产品都必须放入保湿房进行养护。一般情况下，手工雪茄需要放进保湿房进行养护，而大部分机制雪茄由于采用密封的玻璃纸包装，能在较长时期内保持水分不易散发，可以不放入保湿房养护。

不同季节变化需要相应调节养护环境的温湿度。如在低温干燥的冬季，要相应地提高湿度；在空气湿度较高的雨季，则须减少保湿器的添水次数等。

储存过程中，要定期翻动和检查养护的雪茄。要上下左右地翻动雪茄摆放的位置（建议每周翻动一次），特别是冬春、夏秋等季度变化时节，更需要对雪茄逐一检查，因为那是烟草甲虫虫卵易孵化的时间。如果没有定期检查，一旦甲虫肆虐，会将保湿房里的雪茄破坏一空。

第三节　养护良好的雪茄

一支养护良好的雪茄会因油脂而有光泽，而养护非常好的雪茄还会有一层非常薄的白色尘状物质。

检查一支雪茄是否养护良好，可以用手指轻轻挤压一下，要没有压碎和干燥感，同时也不能太软，不能有太重的潮湿感，更不能有水气感。

第四节
雪茄养护中存在的问题及处理方法

在养护过程中，雪茄表层产生斑点并不全是发霉，也有可能是雪茄养护较好，出现了雪茄"开花"现象，因此要进行有效分辨。一般情况下，雪茄表层的斑点如果呈丝状，或者是有锐角的晶体状，且均匀地分布在表面，那么就是"开花"了。

雪茄"开花"的原因是茄衣里的油性物质使烟叶醇化成熟，这是雪茄健康的标志，是完全无害的。"开花"说明雪茄是正常的，应该在保温房或雪茄盒中继续完成它的醇化过程。可以用小的软毛刷子刷掉表面的斑点。

雪茄表面出现白色、蓝绿的斑点或絮状物，烟支松软，原因可能是湿度过高。如果长的是白毛，那么问题不大，说明湿度高了，只要将加湿器拿出三至五天，让雪茄配合香柏木和自然环境温度排出一些水分，同时将雪茄表面及储存设备内部的霉斑擦掉即可。注意：千万别让雪茄接受任何强光源的照射，也不要用餐巾纸之类的东西去试图吸走水分。当雪茄表面出现密集型的绿色霉点或是絮状物的霉斑时，很遗憾，没有任何补救方法，赶快将这支雪茄扔掉，以免影响其他雪茄。

如果储存不当导致雪茄很干，就很难恢复到令人满意的程度。但是，从本质上讲，雪茄能散发水分，也可以吸收水分，因此，最简单的方法就是把半打开的雪茄盒放在一个大的塑料袋里，在袋子里放一杯水或一块潮湿的海绵，散发的水分会进入雪茄盒内。每隔几天翻一下雪茄，记得把底部的雪茄换到上部。三周左右，雪茄将恢复到可以抽吸的状态。这是一个反复试验的过程，在这个过程中需要经常检查雪茄的状态。不过即便烟支水分恢复了，也无法与保存完好的雪茄相比，因为它在干燥的时候已经失去了很多香味。在任何情况下，雪茄都要慢慢地失去水分，同时也要慢慢地恢复水分。

另一种使一盒雪茄复活的简单方法是，把雪茄盒倒置过来，放在一个缓慢流动的水龙头下。注意：盒子的底部应该被水打湿，但不能有太多水。或者用海绵把盒子底部弄湿。把多余的水擦掉，把盒子放在密封的袋子里。几天之后，雪茄的湿度会得到改善。

一些主流的雪茄店，尤其在你是老顾客的情况下，会将你需要恢复水分的雪茄放在他们养护的房间，恢复过程大概需要一个月的时间。

如果雪茄表面出现针孔大小的洞，烟支尾部有虫粪便和烟叶残渣掉出，说明你的雪茄被虫入侵了。可能的原因是高温高湿、储存不当、出厂感染等。处理方法是，尽快丢弃已出现虫洞的雪茄，同时把可挽救的雪茄隔离，并检查其他雪茄里层是否受到虫蛀。

检查雪茄里层是否虫蛀的方法：拿一块白布或一张白餐巾纸铺在桌面上，用要检测的雪茄尾部（用来点燃的一头）在上面轻轻敲几下，如果白布上有明显的烟叶碎屑或黑色粉末（虫粪便）掉落，则表明此支雪茄被虫蛀了。

把虫蛀和未虫蛀的雪茄分开装入食品密封袋内，并放入冰箱的冷藏层冷藏 6—12 小时，然后移至冰箱的冷冻层内冰冻 3 天左右，最后再次放入冷藏层，经过 6—12 小时后取出雪茄，就能杀死害虫（将雪茄从冷藏移到冷冻，再从冷冻移到冷藏，是为了让雪茄在温度上有个过渡，避免温度变化过大引起茄衣爆裂）。

经过以上杀虫处理后的雪茄要定期进行检查，防止虫蛀现象再次出现。

第五节　雪茄的醇化成熟周期

雪茄要"养"。醇化时间对于刚卷制完成的雪茄影响最大，但也并非越久越好。每支雪茄都有一定的成熟时期，过了高峰期后其质量会随着味道变淡而下降。醇化时间的长短因雪茄而异，以下介绍可供参考。

1.6 个星期

雪茄在卷成的若干个星期后才能品尝，这段时间主要是让刚刚卷好的雪茄干燥稳定，大多数雪茄在上市前都会经过这个处理阶段，而且时间可能还会更长一些。

2. 半年至 1 年

卷制完成以后，建议让雪茄醇化半年以上。其中清淡型雪茄建议醇化半年，浓烈型雪茄建议醇化一年以上，这是最基本的醇化时间。

3.1 至 2 年

对于清淡型以及中等浓烈型雪茄，建议醇化养护时间至少为 1—2 年。对普通雪茄客而言，日常品尝的雪茄养护 1—2 年已经足够。

4.2 至 5 年

对于大多数浓郁口味的雪茄来说，两年以上的醇化期是不可或缺的。通常口味愈浓烈，醇化的时间愈长。

5.7 至 10 年

这个时间对于大部分雪茄来说，发酵周期已近尾声，味道也会发生变化，形成一种跟醇化养护前截然不同的独特感觉。

6.10 年以上

雪茄养护没有绝对准确的年限标准，但良好的养护环境可使雪茄保存长达 10 年以上，而部分雪茄的口感达到最佳甚至需要 17—18 年时间，这也是许多雪茄爱好者钟情雪茄收藏的原因。

　　其实，普通雪茄客通常将雪茄存放 3 个月到 1 年就足够了。由于雪茄尺寸、口感、浓郁程度迥异，它们达到顶峰状态的醇化时间也不尽相同。对于雪茄醇化的时间并没有严格的限定，但一般来讲，口感浓郁的雪茄、粗壮的雪茄，醇化所需的时间要更长。

第六章 雪茄的消费文化

第一节 雪茄品鉴

雪茄是有内涵、有历史和明显个性的。不同于卷烟的简单统一，雪茄形状各异、数不胜数；抽着不同的雪茄，香气变化会让你惊喜不已。雪茄的发展历史是丰富多彩的，组成雪茄的每一片烟叶都是独特的，每一个配方都是精心调制的，每一双灵巧的双手都是能赋予烟叶生命的，因此，每一支雪茄都是值得用心品味的。

雪茄燃烧后散发出来的味道较为浓烈，并不是所有人都能接受。日常抽雪茄时需要注意场合。作为烟草制品，在享受时应尽量避开公共场合，选择较为私密的环境，三五好友聚在一起享受。一般而言，雪茄吧、酒吧等场所都可以。如果实在需要在公共场合抽雪茄，最好先询问周围人的意见，得到允许后再开始。

雪茄代表了一种文化：一支上等雪茄，一套奢华的雪茄器具，一个保湿盒，一杯红酒，一群朋友，一个属于自己的空间……

想品尝雪茄那醇厚的味道并不容易。首先要把雪茄放在适宜的环境下养护一段时间，然后用专用的工具将雪茄茄帽剪切开，再用合适的火源将其点燃。抽吸时不要直接吸到肺里。应慢慢地吸一口，像品酒一样，在嗅到烟草燃烧和熏烤所发出的特有香气时，让烟气在口中盘旋，然后慢慢吐出。

吸雪茄是一种感官的探奇，一段发现的旅程。一支好的雪茄对烟叶的要求极高，烟叶要经过发酵，去除部分杂味，变得富有弹性，才能获得雪茄独有的醇厚美味。发酵过的雪茄还要进行陈化，至少需要一年时间。好的雪茄是用手工卷制的，卷好后的雪茄要放在恒温恒湿的容器内存放养护。

第二节　配　件

一、雪茄剪

为享受雪茄做准备是一门实践艺术。第一步是剪切雪茄茄帽。所有手制的高级雪茄都有茄帽，在吸雪茄前要把茄帽切下或戳破。只要达到令人满意的通气效果就可以，但要尽可能保持雪茄的完整。吹气时可能会感到有点儿受阻，但建议不要使劲吹。

在选择雪茄剪时要记住一点：最重要的是刀刃保持锋利。刀刃很钝的雪茄剪会把雪茄头压碎，损坏易碎的茄帽，弄松茄衣烟叶，致使雪茄中的烟草可能漏进嘴里。

1. 钻孔式雪茄剪

通常比较小巧，外形一般有怀表式、小钥匙扣式等等，外形美观、容易携带。

钻孔式雪茄剪比较适合烟气吸入量不大的初学者，因为这种雪茄剪钻出的孔较小，同时也不会出现因剪不成功而导致雪茄外部包裹层受损、散开的情况。

2. V 字雪茄剪

顾名思义，用这种雪茄剪剪出的切口为 V 字。这种雪茄剪外形比较精美，携带方便，但通常对雪茄的大小有要求，不太适用于尺寸较大的雪茄。此种雪茄剪的优点，一是剪切较方便，二是不会出现因剪多而造成雪茄外层受损散开的情况；其缺点是剪切出的孔较小。

3. 单刃雪茄剪

这种雪茄剪只有一片刀锋。剪刀要从上方拉伸出来再往下切，因此比较容易出现刀片松动现象，影响剪裁。同时，单刃雪茄剪也无法在大尺寸的雪茄上使用。

4. 双刃雪茄剪

具有两片刀锋，使用起来比单刃雪茄剪顺手。其优点是使用比较简便并且携带方便，但对于尺寸太大的雪茄来说不太适用。

5. 手柄式雪茄剪

手柄式雪茄剪使用范围比较广，也是最常用的雪茄剪裁工具，外形类似于我们日常使用的剪刀。它的好处是可以剪切任何尺寸的雪茄，但是使用要求较高。

6. 断头台式雪茄剪

这种雪茄剪用一片垂直的刀片，通过直接切割雪茄茄帽，使雪茄横断面呈圆形。此种切割方式的优点是造成的切口很大，抽吸较方便；缺点是其体积比较大，不能随身携带。

二、点燃工具

1. 无硫火柴

这是最普通、最传统也最经济的点燃工具之一。建议选用木杆由香柏木制成，长度在 3 英寸（约 7.5 厘米）以上的火柴。

如果要使用普通火柴，有一点必须记住，就是先让火柴头的磷 / 硫磺烧完，再来点燃你的雪茄。

2. 雪茄专用打火机

点燃雪茄最完美的选择，出火多为直冲式，干净无怪味，出火强度和力度较大，点燃迅速持久，避免了很多其他火源会产生的问题。

3. 雪松心（雪松纸捻）、松木片

抽雪茄的乐趣有一半是遵从雪茄礼仪，这种礼仪最直接的表现是用雪松纸捻来点燃雪茄。纸捻用雪松材料做成，非常适合作为雪茄的火源。

三、保湿盒

保湿盒通常是由西班牙雪松木、胡桃木、马汉格木和红木等木材制作的（市场上也有树脂玻璃的），一般价格昂贵，尺寸也多种多样，用来维持雪茄的水分。如果你经常抽雪茄，它们是值得购买的。储存时需要确保盒子是盖紧的，并且有一个湿度计来监测湿度。湿度计应该制作精良，内部不要涂漆。记住保湿器只会调节湿度，而不是温度，所以还是得找个合适的地方，将保湿盒存放好。

四、保湿柜

对于拥有较多雪茄的雪茄客来说，单个的雪茄盒无法满足他们的储藏需求，这个时候就需要体积更大、能够容纳更多雪茄的雪茄柜。

雪茄柜可以看作一个大型的保湿盒，但它比保湿盒更先进，可以根据你的设定自行调整储存雪茄所需要的温度和湿度。

五、保湿液

保湿液是蒸馏水和丙烯乙二醇的混合物，易蒸发，主要用于调节雪茄保湿柜中的水分平衡。

第三节　如何点燃雪茄

如上节所述，点燃雪茄对火源也有特别的要求，要用无气味的火点燃雪茄，通常选择丁烷打火机、雪茄木制火柴或者是松木片，这样才不会破坏雪茄天然的本香。

点燃雪茄　　　　　　　　使雪茄尾部均匀地炭化

点燃方法如下：

1. 水平握住雪茄，与火焰直接接触。慢慢地旋转，直到它的末端均匀地烧焦。

2. 把雪茄叼在嘴里，将火焰保持在离末端半英寸的地方，慢慢地旋转。确保火光均匀，使雪茄尾部均匀地炭化，避免发生偏火的情况。

3. 轻吹发烫的一端，确保发热均匀。

如果雪茄熄灭了，不要担心，这是很正常的，特别是已经抽了一半的时候。轻敲雪茄以除去烟灰，然后吹掉残留烟灰，像点燃一支新雪茄一样将其重新点燃就可以了。即使雪茄烟灰留存了几个小时，你也会抽得心满意足的。但是如果放置的时间过长，雪茄的味道就会变化。

抽雪茄时不需要轻敲就能去除烟灰，它在适当的时刻会自行脱落。另一方面，让雪茄末端有一长段烟灰也没有什么好处：它会破坏空气的流通，使雪茄燃烧不均匀。通常雪茄的构造越好，烟灰就会越长、越"结实"[1]。

第四节　配　饮

可以与雪茄搭配的饮品有很多，没有最佳的搭配，只有个人最喜欢的搭配。需要注意的是，不要选择口感过于浓厚的酒或者饮品搭配雪茄，那样会掩盖雪茄的味道，得不偿失。

1. 威士忌

与雪茄一样，威士忌也有浓郁程度、口感和香味之分，并不是任何一种威士忌都能够与雪茄完美搭配的。如果两者之一的味道过浓，盖过了另外一个，那么这个搭配就不甚理想。推

---

[1]　Anwer Bati And Simon Chase：*The Cigar Companion*（Third Edition），Running Press，1995.

荐只用发芽的大麦为原料的单一麦芽威士忌，并且最好是在橡木桶中成熟超过三年的。单一麦芽威士忌是许多雪茄客的最爱，越喝越顺口，越喝越甜，跟雪茄是天下无双的绝配。

2. 红　酒

红酒是搭配雪茄较为方便的一种饮品，但建议不要用年份红酒来搭配雪茄，因为好的年份红酒入口后也会像雪茄一样有着非常丰富的口感，会扰乱你的味觉，造成品吸混乱，影响对雪茄的判断。如果确要使用年份长、浓郁型的红酒，建议搭配清淡型雪茄。

3. 鸡尾酒

例如自由古巴，由柠檬汁、朗姆酒加上可乐的组合，甘冽中带着些酸涩，这样的口感会衬托雪茄的醇厚，有存在感却不会喧宾夺主；莫吉托，清爽的颜色带来视觉上的清凉之感，柠檬的微酸更能打开味蕾，让你更好地体味雪茄的香醇，薄荷的味道也与雪茄的香气相辅相成，此消彼长，层次丰富。

4. 朗姆酒

朗姆酒口感甜润、芬芳馥郁，在古巴是非常受欢迎的雪茄伴侣。朗姆酒是用甘蔗压出的糖汁经过发酵、蒸馏而成的。根据不同的原料和酿制方法，朗姆酒可分为朗姆白酒、朗姆老酒、淡朗姆酒、朗姆常酒、强香朗姆酒等。但因为口味比较独特，它并不太受中国人喜爱。

5. 咖　啡

适合大多数人的一种饮品选择，中庸的味觉适合许多种规格和口感的雪茄。

6. 冰　水

最简单的一种选择，最纯粹的一种品鉴饮品。对很多人来说，最简单最好的饮品莫过于冰水。冰水可以在最大程度上减少对雪茄味道的影响（无论影响是好是坏）。这也是国外许多专业试茄者的唯一饮品，因为唯有冰水才能使评价客观公正。

7. 普洱茶

中国茶道博大精深，好茶人士也非常多，但最适合雪茄的茶叶莫过于熟普。熟普可去痰热、止渴、下气消食，可以使人益思、轻身、明目，更重要的是可以降低口中浓烈的雪茄味。

第五节　雪茄的选择

在快节奏的今天，结束了一天疲惫的工作，点燃一支雪茄，享受一段轻松愉悦的时光，是再惬意不过的事情了。沉浸在雪茄的香气中，或三两好友闲散聊天，或独自一人放空冥想，这是一种令人向往的状态。雪茄已成为"慢生活"的最佳选择。那如何选择一支合适的雪茄呢？

一是可以考虑雪茄的吸食时间。雪茄的尺寸用长度和环径表示，这两个数值越大，雪茄的长度和圆周就越大，吸食的时间也就越长。一般雪茄的吸食时间为30—120分钟。因此，可以根据你准备吸食的时间选择对应尺寸的雪茄。如果你有整个下午来放松自己享受一支雪茄，那么可以选择一支大尺寸的；

如果时间有限，那么建议选择尺寸小一点的，在有限的时间内充分感受雪茄带来的轻松时刻。对于初学者来说，选择尺寸较小的雪茄吸食时间短，可以慢慢适应雪茄的味道，学习品尝雪茄的技巧。

二是可以考虑雪茄的浓度。每一款雪茄都有自己的风格特点，那是经配方师精心选择不同特点的烟叶组合而形成的品质。按照雪茄的香吃味对人体感觉器官的冲击程度，人们习惯将雪茄大致分为浓郁型雪茄、中间型雪茄和淡味型雪茄三种。有一点需要说明，不管哪一种类型，雪茄的浓度都是大于卷烟的。

如何判断雪茄的浓度呢？有人说雪茄的浓度与茄衣的颜色相对应，其实不然，并不是所有深色茄衣的雪茄都是浓郁型的，也不是所有浅色茄衣的雪茄都是淡味型的。雪茄的浓度主要由重量占比达到整支雪茄75%以上的茄芯烟叶决定。因此，判断雪茄的浓度还需要知道雪茄的产地和烟叶来源等信息，一般在雪茄的包装盒或者宣传册上都会标识这些信息。

对于初学者来说，淡味型到中等浓度的雪茄都是不错的选择；对于资深雪茄客来说，主要就是根据自己的喜好来决定了。此外，还有一种说法就是，不同时段选择的雪茄也应是不同的，如早上更多雪茄客喜欢抽一支较为清淡的雪茄，而下午或者晚上则更倾向于浓郁型的雪茄。

三是需要判断雪茄的品质。选择一款高质量的雪茄，是每个雪茄消费者的追求。那么如何判断一支雪茄的优劣呢？

首先，用眼睛看。雪茄最外层是茄衣，如果一支雪茄的茄衣光滑、颜色均匀、没有缝隙或斑点等缺陷，茄衣包裹接近完美，那么这应该是一支制作精良的雪茄。如果茄衣上出现裂缝或者霉点等异常的情况，就要果断放弃它。

第二，用鼻子闻。优质的雪茄，用鼻子可以闻到烟叶经过充分发酵产生的醇熟味道，具有典型的雪茄香气。如果它的香味吸引了你，那么它可能就是一支适合你的雪茄。

第三，用手捏。如果用手轻轻捏一支雪茄，发出沙沙的响声，甚至有烟叶破碎的声音，那么这支雪茄可能养护不当，导致水分过低；如果手捏感觉过于软塌，烟支很容易变形，那么这支雪茄可能水分太大了。不管水分过高还是过低，对于雪茄的品质来说，都是影响十分大的。只有那些手捏稍有弹性、烟支饱满、水分适当的雪茄才是优质的雪茄。

四是可以根据雪茄品牌来选择雪茄。一般来说，消费者心中那些好的品牌旗下的雪茄，都可以作为首选，毕竟在雪茄发展的历史长河中，这些品牌都保持着较好的品质：优质的烟叶原料、精湛的手工技艺、成熟的醇化技术。这些都是好品牌的特征。因此，当迷惑于如何选择一支雪茄时，可以先试试那些耳熟能详的雪茄品牌。

五是根据自己的消费能力来选择雪茄。在中国市场，雪茄曾被认为是一种奢侈品，但是在国外它如同卷烟一样，是一种日常的消费品。雪茄的价位范围很大。如果是初学者，建议从中低价位的雪茄开始尝试，等对雪茄有了一定的了解和认识后，再尝试价格更贵的雪茄。

　　六是在专业的雪茄店铺或者互联网选择雪茄。如果通过上面的建议仍然不能决定选择哪一支雪茄，那么可以到专业的雪茄店铺，例如"长城优品生活馆"，那里不仅能提供丰富的雪茄品牌产品和舒适的品茄环境，专业的工作人员还能根据顾客的需求推荐合适的产品并提供专业的侍茄服务，只需要告知需求，一定会挑选到心仪的产品。

　　此外，互联网上有许多雪茄客会分享他们的品茄经验，可以在网上寻找想要的雪茄信息。

第七章　世界知名雪茄公司及其品牌

第一节　世界知名雪茄公司

1. 美国阿塔迪斯公司（Altadis，隶属于帝国烟草公司）

今天人们熟知的美国阿塔迪斯公司创立于 1918 年。当时的美国苏门答腊烟草公司总裁朱利叶斯·利希滕斯坦（Julius Lichtenstein）联合了六家独立的雪茄公司，于 1921 年统一成立新的公司，即阿塔迪斯的前身。

目前属于帝国烟草旗下的美国阿塔迪斯公司在多米尼加、洪都拉斯、波多黎各、宾夕法尼亚州、弗吉尼亚州、亚拉巴马州和佛罗里达州拥有生产工厂，另外还在墨西哥、巴西和荷兰拥有生产线联盟。由于阿塔迪斯超级强大的购买力，它可以买下世界上任何地方最好的烟叶。它还拥有古巴哈伯纳斯公司（Habanos）50% 的股份。

公司拥有一批令人喜爱的品牌，手工雪茄品牌包括 Montecristo（蒙特克里斯托）、Upmann（乌普曼）、Don Diego（唐迭戈）、Romeo y Julieta（罗密欧与朱丽叶）等等，机制雪茄品牌包括：Phillies（菲利斯）、AyC（安东尼与克里奥帕特拉）、Black & Blue（黑蓝）、Dutch Masters（荷兰大师）等。

2. 斯堪的纳维亚烟草集团（STG）

2010 年 10 月，北欧烟草控

股公司与瑞典火柴公司合并成为

全球产量第二大雪茄制造商——

斯堪的纳维亚烟草集团（STG）。其中北欧烟草占 51% 股份，瑞典火柴占 49%。STG 的产品目前销往全球 120 个国家，同时拥有包括 C.A.O、Café Crème（嘉辉小咖啡雪茄）、Henri Wintermans（亨利·温特曼）等在西欧和美国占据相当市场份额的知名品牌。该公司于 2020 年 1 月正式完成对皇家阿吉奥（Royal Agio）雪茄的收购。收购皇家阿吉奥不仅加强了斯堪的纳维亚烟草集团在欧洲机制雪茄市场的地位，更使其成为一个竞争力颇强的公司。

3. 奥驰亚集团（Altria）

奥驰亚集团（Altria）已有 180 余年

历史，总部位于弗吉尼亚州里奇蒙德，

主要生产和销售烟草产品。旗下的全资

子公司包括菲利普·莫里斯美国公司

（Phillip Morris USA，Inc.），主要在美国从事烟草和烟草产品的生产与销售；约翰·米德尔顿公司（John Middleton），主要从事机制大雪茄和烟丝的生产与销售。菲利普·莫里斯资本公司持有一系列杠杆融资与直接融资租赁组合，其约翰·米德尔顿雪茄公司（John Middleton）的第一大品 Black & Mild（黑柔雪茄）有很高的知名度和市场占有率，2012 年在美国机制大

雪茄市场中所占的份额达 30%。

4. 哈伯纳斯雪茄公司（Habanos）

哈伯纳斯雪茄公司成立于
1994 年，是全球所有古巴雪茄品
牌的独家销售商，掌控着所有古
巴雪茄品牌和其他烟草制品的销售、出口和运营。哈伯纳斯雪
茄公司是世界优质雪茄的领军企业，旗下共有 27 个古巴雪茄
品牌 80 个规格的雪茄，其最畅销的雪茄品牌包括 Montecristo（蒙
特克里斯托）、Cohiba（高希霸）、Partagas（帕塔加斯）等。

5. 斯维什国际公司（Swisher）

斯维什国际公司成立于 1861
年，如今已经成为雪茄行业的领
军企业之一，占有整个美国雪茄
市场三分之一的市场份额，也是美国最大的雪茄出口商。

第二节　世界主要雪茄品牌

1.Cohiba（高希霸）

Cohiba 是古巴雪茄六大品牌中最贵
和最著名的雪茄。无可争议，高希霸是
所有雪茄爱好者最为熟悉的品牌。Cohiba
一词由来已久，从前古巴的土著称这类
以粗糙叶子卷制、可供吸食的解困品为 Cohiba，因此 Cohiba

品牌亦以土著的头部作为其标志。Cohiba 在 1966 年诞生于哈瓦那，最初只是作为卡斯特罗总统和政府的礼物送给各国总统和外交使节。1982 年之后，该品牌雪茄开始商业化运作并走向市场。

2.Montecristo（蒙特克里斯托）

Montecristo雪茄是迄今为止古巴雪茄中最受欢迎的品牌。古巴每年出口的雪茄中约有半数是该品牌雪茄，Montecristo No.4 更是世界上销量最大的古巴雪茄。该品牌雪茄茄标上那把基督山伯爵剑深入雪茄客心中。此品牌只生产全手工卷制的雪茄，采用特有的油滑的茶色茄衣，气味柔和，味道属中等浓郁至浓郁，曾是西班牙旅行家和水手的最爱，现在得到众多雪茄客的偏爱。

3.Trinidad（特立尼达）

Trinidad 的来历至今仍是一个谜。传闻古巴领导人卡斯特罗在此品牌创立之后，以其代替 Cohiba 作为赠送各国首脑的独家礼物。但在 1994 年夏季《雪茄客》杂志对卡斯特罗的专访中，他否认了上述说法。从 1980 年起，Trinidad 就是专门供给外交官使用的雪茄，直到 1990 年以后才逐步推向世界市场。

4.Romeo y Julieta（罗密欧与朱丽叶）

在众多古巴雪茄品牌中，Romeo y Julieta 一直有着很好的

口碑和追随者。浪漫的爱情故事给它的创始人以灵感，而这个品牌的发展历史同样充满了传奇色彩。Romeo y Julieta 如今已成为古巴六大雪茄品牌之一，其口味柔和芬芳，尤其受初级雪茄客的欢迎。

5.Partagas（帕塔加斯）

Partagas 是哈瓦那雪茄中最老的品牌之一，由堂·热姆·帕塔加斯（Don Jaime Patragas）在 1845 年创立，其旧烟厂仍然存在，位于哈瓦那市中心。这一品牌目前仍享誉世界，不仅因为其产量大，还因为其拥有多米尼加通用雪茄公司制造的雪茄。它采用哈瓦那种子种植的喀麦隆茄衣烟叶，由古巴著名的雪茄家族中的梅内德斯和西富恩特斯联合监管。古巴制雪茄和多米尼加制雪茄的区别在于：前者标签底部印有"Habana"字样，后者则印有年份"1845"。

6.Bolivar（玻利瓦尔）

西蒙·玻利瓦尔（Simon Bolivar）是十九世纪南美洲的英雄，在他的带领下，南美五个国家（哥伦比亚、委内瑞拉、厄瓜多尔、秘鲁和玻利维亚）从西班牙的统治中获得解

放，人们称他为"南美的乔治·华盛顿"。为了纪念这位生于委内瑞拉的革命家，哈瓦那的罗恰公司（Rocha）在他死后的71年，也就是1901年创立了Bolivar雪茄品牌。如今Bolivar是最容易辨认的古巴雪茄品牌之一，因为其标签及盒子上都印着这位南美英雄的肖像。

7.Davidoff（大卫杜夫）

Davidoff雪茄因它的创始人季诺·大卫杜夫（Zino Davidoff）而得名。Davidoff雪茄最初在古巴工厂生产，1980年后，Davidoff雪茄大部分都转由多米尼加生产，但仍沿用古巴的配方，精选优质烟叶，以传统的工艺焙烤加工，经四年精心发酵，始终保持着特殊的香醇和绵长的润滑口感。

8.Hoyo de Monterrey（好友蒙特利）

由烟草生产商何塞·赫内尔（Jose Gener）于1865年创立，是古巴最悠久的雪茄品牌之一。1860年何塞·赫内尔租下古巴西南部下维尔他（Vuelta Abajo）地区的蒙特利庄园（Hoyo de Monterrey）种植烟草，并以该庄园名称作为雪茄品牌名。好友蒙特利雪茄制作精细、口感浓烈，受到广大雪茄爱好者的欢迎和喜爱。

9.H. UPMANN（乌普曼）

赫门·乌普曼（Herman Upmann）是位英国银行家，平时酷爱抽雪茄，于 1844 年创办了该品牌。他是第一位非古巴人在哈瓦那使用自己名字为品牌设立工厂的人。由于雪茄品质好，乌普曼决定用自己的名字作为商标，从 1860 年至今始终不变。乌普曼雪茄的特色为强烈、刺鼻并带有泥土口味，适合口感较重的雪茄客。

10.Punch（庞奇）

该品牌创立于 1840 年，是现在还在生产的历史第二悠久的雪茄品牌。Punch 这一名称来源于木偶剧《庞奇与朱迪》中的庞奇，这种雪茄在英国大受欢迎。Punch 销售面广，比其他品牌雪茄价格要低，所以不管是刚开始抽该雪茄还是很少接触它的人都对它非常熟悉。

11.Cuaba（库阿巴）

Cuaba 是历史上用来点燃雪茄的古巴灌木，该品牌雪茄于 1996 年秋季在伦敦登场，作为古巴最新的雪茄品牌，再次点燃了雪茄世界的热情。库阿巴每支雪茄都有一个尖锥顶。推

出库阿巴雪茄是想重现 19 世纪的传统精神与文化。

12.Macanudo（马卡努多）

该品牌于 1868 年在牙买加创立，由设在牙买加和多米尼加的通用雪茄公司生产，调制配方两国相同：采用康涅狄格阴植烟叶做茄衣，以产自墨西哥圣安的列斯地区的烟叶做茄套，茄芯则采用牙买加、墨西哥和多米尼加烟草混制而成。Macanudo 一词在西班牙口语中的意思是精致上品，该品牌雪茄外观优美，制作精良，圆润光滑，口感温和。

13.VegaFina（唯佳）

该品牌雪茄是在多米尼加位于拉罗马纳市的塔巴卡雷德加西亚雪茄厂制作的，如今已进入 30 多个国家的市场，主要在欧美地区销售，是西班牙最畅销的非古巴雪茄品牌。塔巴卡雷德加西亚雪茄厂隶属于帝国烟草公司子公司——西班牙塔巴克莱拉(Tabacalera)公司。塔巴克莱拉公司与四川中烟联合开发了一款融合版产品，在长城雪茄厂卷制而成，产品为 52×152mm 的金字塔型，特点是温和的香气中夹杂着雪松、香草和香料的味道，以及淡淡的干果、肉桂和红茶的奶香味。该产品计划于 2021 年在中国市场推出，并有可能向国际市场推广。

第八章　世界主要雪茄节和雪茄展

世界上很多地方都会举办丰富多彩、各具特色的雪茄节、雪茄展会等活动，例如广大雪茄迷们熟知的古巴雪茄节，它是知名度最高的雪茄活动。随着社会经济的发展和人民生活水平的提高，我国的雪茄活动初具规模，在国际上的影响力也越来越大。

1月份有尼加拉瓜雪茄节（Puro Sabor Festival）。2019年因国家动荡，该活动取消；2020年，活动在格拉纳达（Grenada）、马那瓜（Managua）和埃斯特利（Estelí）举行。尼加拉瓜已成为影响美国手工雪茄市场的非常重要的力量，不少美国品牌在尼加拉瓜生产雪茄，同时尼加拉瓜的烟叶也被出口到全世界很多地方。

1月底还有美国拉斯维加斯国际烟草展览会（Tobacco Plus Expo），这是每年的第一个雪茄贸易展。这个烟草展会在行业内非常重要，几乎所有要进入美国市场的雪茄品牌和雪茄配件品牌都会参展。不过展览只针对行业内部，不对普通观众开放。这个展会里每年会出现各个品牌未来一两年内要推出的雪茄。

2月中旬，为期一周的多米尼加雪茄节（ProCigar Festival）在多米尼加举行。多米尼加是世界雪茄制造业中的重要国家，每年的雪茄出口量稳居世界第一，这也让多米尼加雪茄节在全球范围内变得越来越重要。另外，多米尼加不仅出口手工雪茄成品，也出口大量的雪茄烟叶，所以每年的多米尼加雪茄节会有不少雪茄制造商和雪茄烟叶生产商参与。和古巴雪茄节一样，多米尼加雪茄节最后一天晚宴也会举办慈善拍卖。

2月底，古巴雪茄节（Habanos Festival）在古巴哈瓦那举行。古巴雪茄节的日程主要包括欢迎宴会、展会、研讨会、参观种植园和工厂、晚宴和雪茄拍卖等等。一般传统古巴雪茄节的举办时间在多米尼加雪茄节之后，可以让人们无缝衔接到古巴参加活动。

3月中下旬，美国烟草协会贸易展（Tobacconists' Association of America Convention）举行。大会只对TAA会员开放，汇聚了众多手工雪茄制造商，里面展示的很多雪茄都只在协会会员商店内销售。

4月初，雪茄遇上威士忌展会（Big Smoke Meets Whisky Fest）在美国好莱坞举行。展览为期两晚，主要面向雪茄消费者，会展示一部分世界上最好的雪茄，以及一些最优质的苏格兰威士忌、波旁威士忌、黑麦威士忌、日本威士忌、加拿大威士忌等。

5月下旬，"中国雪茄之乡"全球推介之旅在四川什邡举行。2007年，什邡荣获"中国雪茄之乡"美誉。什邡烟叶种植历史超过400年，全球最大的单体雪茄工厂、亚洲最大的雪茄生产基地——四川中烟长城雪茄厂就坐落于此。

7月中旬，PCA会议和贸易展在美国拉斯维加斯举行。这是传统上规模最大的雪茄业展会，很多雪茄业内人士都会在展会上展示新款雪茄和雪茄配件。

9月下旬，德国国际烟草和烟具贸易展览会（Inter Tabac）在多特蒙德举行。这个展会仅限行业客户参加。展览会曾经一度以古巴雪茄为主角，现在越来越受到非古雪茄参展商的关注。展览会涵盖的范围非常广，雪茄、香烟、烟斗、鼻烟、电子烟等都能看到，而且会有很多与雪茄相关的配件出现。

11月下旬，拉斯维加斯大烟雾雪茄节（Big Smoke）在美国拉斯维加斯举行。整个雪茄周末包括抽雪茄活动和雪茄研讨会，有诸多雪茄业内知名人士出席。其中研讨会的质量比较高，很多新的雪茄设计都会出现在会上。

11月下旬，中国国际雪茄博览会（ICE）举行。它是中国烟草主办的国际性雪茄类综合博览会，2019年第一届ICE在深圳会展中心举行。活动以中外雪茄及周边产品展示、交流为主要内容，致力于推动国际雪茄产业贸易、技术、项目合作等领域的交流融通。

第九章 中国雪茄营销方式

随着国内雪茄市场的蓬勃发展,雪茄产业的潜力日益凸显,烟草行业对雪茄的重视程度也日益加强。雪茄正逐步完成从"有益补充"到"行业版图重要组成部分之一"的转变。目前,雪茄领域大力开展雪茄文化传播、优化品牌体验、终端体验和线下体验等,同时开展中高端雪茄产品定制、产品研发和线下推广,在此基础上创新雪茄营销方式,采用网络营销、精准营销、终端营销等。烟草行业坚持"工商协同开展"的发展方向,以培育优秀中式雪茄品牌为目标,将中式雪茄品牌文化历史、品牌内涵传递给消费者,增强其品牌认知度。

1. 四川中烟

深入挖掘百年雪茄历史文化,提炼形成"国茄长城、中式雪茄之源"的品牌定位,以"中国的味道、世界的长城"为品牌宣传语,形成品牌历史、品牌理念、工艺技术、产品体系、品质分级等五个方面的"长城"雪茄品牌核心价值体系,为品牌规范化传播提供依据。

以"中国雪茄之乡"——什邡为依托,推进雪茄与文化、旅游相融合,建设雪茄风情小镇。雪茄风情小镇的重要组成部分——中国雪茄博物馆已于2017年11月建成开放,这是全国唯一一个集展示、体验、教育、感悟及营销功能于一体的国家级雪茄博物馆。

四川中烟以中国雪茄博物馆为平台，举办"世界最长雪茄见证仪式""'长城'雪茄命名60周年纪念"等活动；以品牌传播为主线，举办"浩月长春——长城雪茄四大国手全国巡展"；以旅游景区雪茄店为载体，开展以手工雪茄卷制表演为主要内容的"'长城'雪茄大师周末秀"等活动。2018年以来，四川中烟开启由传统卷烟制造商向优品生活服务商全面转型新征程，打造了集读书、体验、消费为一体的新型终端"长城优品生活馆"。目前，长城优品生活馆已经在上海、广东、江苏、河南、云南、湖南、江西、内蒙古、青海等多个省份落地生根。

2. 湖北中烟

从产品、流通、消费等三个重要领域推广"黄鹤楼"雪茄。运用"互联网＋雪茄"思维，联合高尔夫、影视等圈层，在2019国际雪茄博览会展馆外面搭建了高尔夫雪茄体验中心。体验中心设计风格独特，吸引与会者前往尽情挥杆，旁边还设有高端洽谈区域，给予体验者最大程度的参与感、舒适感与满足感。位于深圳观澜湖的高尔夫"黄鹤楼"雪茄体验中心在博览会结束后开业。这是湖北中烟开设的第一家体验中心，是其在此圈层试水的"风向标"，如果进展顺利，还将在其他城市开办类似的体验中心。此外，"黄鹤楼"雪茄还联合名车、名酒等高端品牌，面向消费群体开展"黄鹤楼·逍遥游"体验营销活动。

3. 安徽中烟

提出"打造手卷雪茄标志性文化品牌、打造中式雪茄之王冠"定位，从文化、渠道、体验三个层面探索，不断创新中高端中式雪茄营销模式。雪茄从包装设计到产品命名乃至旅游文创伴手礼都采用大量中国文化元素，向消费者传递新中式雪茄理念。

此外，安徽中烟还立足"三体验"——品牌体验、终端体验、线下体验，与众多知名雪茄吧、雪茄销售终端等合作，打造"雪茄文化角"，开展专业雪茄品鉴培训，加强雪茄文化传播。举办"王冠"雪茄高端品鉴之旅，通过雪茄手卷体验、雪茄产品品鉴等活动，营造独具特色的中式雪茄体验。同时，不断完善高端定制服务，为雪茄消费者提供个性定制化服务，实现原料、口味、支型、包装等全方位的定制打造。

4. 山东中烟

在"泰山"雪茄推介方面，通过打造"中国泰山雪茄节"和"青岛啤酒泰山雪茄节"一年双会，为国内外雪茄销售商提供相互交流、了解"泰山"雪茄的平台，提升"泰山"雪茄国内外市场知名度和美誉度。发挥"互联网＋雪茄"思维，创新中高端雪茄营销模式，积极开展体验营销、定制营销、文化营销、圈层营销。

第三部分

雪茄科技知识

无论出生地是非洲美洲还是亚洲欧洲，无论外形是浑圆粗壮还是修长挺拔，成品雪茄油润的外衣和独特的香气总让它透出贵族的气质。而这带着深邃、神秘的贵族气质背后还有现代科学和技术在闪烁光芒。

第一章　烟叶原料

当一批雪茄烟叶原料来到生产工厂，等待它们的是专业检验人员的检验与判断，以确保进入生产环节的烟叶原料都能满足雪茄的制造生产要求。

检验人员首先要仔细鉴别烟叶的成熟度、颜色、形态、油分、均匀性、完整度以及尺寸等外观指标，判定其是否符合相应等级；然后检测它们的含水率，甚至糖、氮、氯、钾、烟碱含量，这几个常规的化学成分反映了烟叶在生长、调制过程中的代谢平衡，可以帮助技术人员判断原料烟叶的优次。长久以来，烟草研究人员一直关注这几个化学成分，认为它们与雪茄感官质量有关联。有研究认为，在一定范围内控制含氮化合物和增加糖含量有利于提高烟叶感官评吸质量[1]。

---

[1]　吴春、王志红：《烤烟评吸质量与主要化学成分及相关级通径分析》，《贵州农业科学》，2010：38（11）。

工作者们对雪茄烟叶原料的研究远没有止步于外观和上述几个常规的化学成分，他们对烟叶原料中各类致香成分也做了大量的研究。

人们都知道，食物在煎烤烹饪过程中会逐渐变焦黄，散发出诱人的香气，这是因为食物发生了最"美味"的化学反应——美拉德反应。雪茄烟叶在调制醇化过程中也会发生这种"美味"反应，提高雪茄烟叶的香气。美拉德的初期反应在氨基酸和糖类之间发生，氨基酸和糖类发生反应，产生一系列中间化合物，这些化学产物的结构又会重组，最终变成各种香味化学成分。已有的研究证明氨基酸对雪茄品质的影响相当复杂，其影响结果可以通过烟叶色泽、香味和抽吸感觉反映出来[1]。史宏志等研究发现，苯丙氨酸、甘氨酸、异亮氨酸、亮氨酸与香气量评吸得分正相关，天冬氨酸、谷氨酸、丙氨酸、缬氨酸与评吸刺激性和杂气得分负相关[2]。

在晾晒调制过程中，雪茄烟叶内各化学成分发生一系列的化学变化，其中很重要的一类变化是烟叶质体色素（叶绿素、类胡萝卜素）的降解。这一过程不仅决定了调制后烟叶的颜色，而且降解后转化形成的产物与烟叶的香气质、香气量密切相

---

[1] 王瑞新：《烟草化学》，北京：中国农业出版社，2003：60。

[2] 史宏志、刘国顺：《烟草香味学》，北京：中国农业出版社，1998：75—76。

关[1]。李雪震等的研究表明，变黄结束时，叶绿素含量减少80%左右，而类胡萝卜素仅减少5%左右。降解后，新植二烯、巨豆三烯酮、茄酮等重要的香味物质明显增加。

烟叶原料中的香味成分非常复杂，而雪茄的品质优劣取决于它们的成分和含量。有些香气物质含量非常少，却对烟叶香气质量贡献很大。长期以来，研究人员一直尝试用不同的提取方式寻找它们，试图找出各种香味成分与雪茄吸味风格的对应关系。

---

[1]　左天觉著，朱尊权等译：《烟叶的生产、生理和生物化学》，上海远东出版社，1991。

第二章　成品雪茄检测

雪茄烟具有独特的烟叶原料、搭配组成和加工方式，而这些通过人工的努力可以成就的因素，离优美的雪茄烟气还差了一双具有魔法的手，这就是燃烧。在燃烧中，原料烟叶化学成分之间发生着千变万化的化学反应，最后所得的产物互相协同，成就了优美独特的雪茄烟气。能触摸这个魔法过程，探清魔法最后的呈现，是令所有雪茄研究人员心驰神往的成果。

研究人员发现，一支雪茄点然后形成燃烧区，挨着燃烧区的部分会形成热裂解区。抽吸雪茄时，氧气会通过对流、扩散传输至燃烧区，随即在燃烧过程中被消耗掉。只有贫氧气体能达到热裂解区，发生热裂解。在这里，雪茄中的有机化合物在贫氧环境下发生热分解，部分产物气化，其余部分则会被进一步氧化。随着燃烧，热裂解区逐渐接近雪茄的尾端，最终变成燃烧区。吸入一口雪茄，热裂解区的气化产物会随着烟气一起移向烟嘴。烟气到达烟嘴后，将被冷却并过滤。温度的降低会使烟气中部分合成物发生冷凝，形成气溶胶。所形成的小液滴中包括尼古丁，以及烟气主体中的大部分味道。由于茄衣有一定透气性，会渗入空气，并渗出一些一氧化碳，烟气被部分稀释。烟草茄芯、茄套和茄衣的孔隙率不同，这决定了燃烧区和热裂解区的形状。

雪茄烟的烟气是抽吸者最直接的感受，人们一直在试图探索雪茄烟气独特的香味是如何形成的，不同的香味成分对雪茄烟气做出了什么贡献。研究者们可以通过检测雪茄烟气的香味成分去了解它。但雪茄烟的规格多，环径、长度范围较广，要收集可靠的雪茄烟气用于测试分析，并不是一件容易的事。上个世纪 70 年代，国际烟草科学研究合作中心（CORESTA）制定了吸烟机收集雪茄烟气的标准方法；2013 年，我国烟草行业也颁布了系列行业标准，规定了雪茄吸烟机模拟吸烟的标准操作，以及雪茄烟气中烟碱、水分、总粒相物、CO 的检测标准。在此基础上，雪茄烟气的成分检测得到了快速发展，研究者们在雪茄烟气中检测到醇类、醛类、酮类、杂环类香味成分 300 多种。

第三章 雪茄微生物

　　微生物虽然不是我们肉眼能看到的，但一直在我们周围，与我们的生活密切相关。在雪茄烟叶发酵过程中，微生物对烟叶品质的提升具有不容忽视的作用。研究人员发现，利用优势菌株及功能性酶系，并在此基础上应用功能菌株或功能酶系优化发酵工艺，可大大提升雪茄烟叶发酵效率，提升烟叶品质。

　　自 1891 年祖赫斯兰提出烟草醇化微生物理论[1]以来，国内外已有很多基于传统分离培养方法对雪茄烟叶微生物区系形成和演变规律研究的报道。研究表明，不同产地雪茄烟叶表面微生物的种类不同，随着发酵进行，可培养微生物的数量逐渐降低。美国、巴西、多米尼加和中国雪茄茄衣表面细菌种类不同，多米尼加样品细菌种类最丰富。所有样品中芽孢杆菌属（Bacillus）均为优势菌属，其次是葡萄球菌属（Staphylococcus）。在对人工发酵海南雪茄茄衣叶面微生物变化的研究中，研究人员发现巨大芽孢杆菌（B. megaterfum）和枯草芽孢杆菌（B. subtilis）为优势细菌菌种。在发酵起始时，四川什邡 GH-I 雪茄烟叶叶面带菌量为 10^5—10^7 CFU/g，其中细菌为绝对优势微

　　[1]　Emil Suchsland：*Ueber tabaks fermentation. Berchte Der Deutschen Botanischen Gesellschaft*, 1891, 9: 79—81.

生物，烟叶发酵过程中芽孢杆菌属和青霉菌属（Penicillium）分别为细菌和真菌的优势菌属。人工发酵的海南建恒二号雪茄茄衣优势菌群为细菌，所有细菌均为芽孢杆菌。近十年来，出现了利用免培养分子生物技术进行的雪茄烟叶微生物群落结构研究，这些研究对揭示雪茄烟叶微生物起到了极大的推动作用。贾科莫（Giacomo）等采用聚合酶链式反应与变性梯度凝胶电泳系统（PCR-DGGE）对意大利托斯卡诺雪茄发酵过程中微生物群落结构动态变化进行了研究，结果表明在醇化期内微生物群落结构和组成变化明显，发酵初期汉逊德巴利酵母（Debaryomyces hansenii）、咸海鲜球菌属（Jeotgalicoccus）、葡萄球菌属（Staphylococcus）、气球菌属（Aerococcus）、乳杆菌属（Lactobacillus）和魏斯氏菌属（Weissella）为优势菌；随着发酵进行，烟叶温度和 pH 升高，低 G+C 含量的芽孢杆菌成为优势菌属；pH 进一步升高促进包括棒状杆菌（Corynebacterium）和阎氏菌属（Yania）在内的耐盐菌和碱性放线菌生长。研究人员们将微生物研究成果运用在雪茄发酵工艺上。在发酵前向雪茄烟叶喷洒微生物菌株、含有菌株和活性酶系的菌剂或其他发酵介质，对雪茄烟叶发酵具有促进作用，能够提升发酵烟叶的品质。

第四章　雪茄标准

尽管手工雪茄的生产制造主要依靠雪茄卷烟师们的精湛技艺，但是随着工业化的发展，我国在烟草行业方面制订颁布了一系列国家标准和行业标准，保证在生产制造过程中更多可控环节可以达到统一，以获得最佳生产效果。

早在上世纪 90 年代，我国出台《雪茄烟》国家标准（GB 15269–1994），对雪茄的技术指标、试验方法、检验规则、包装贮运等环节做出规定。随着社会经济发展和物质生活的进步，GB/T 15269.1–2010 取代旧标准，分四个部分对产品分类和抽样，包装标示，产品、包装、卷制、贮运，感官技术提出更为细致全面的要求。2013 年，我国烟草行业颁布了系列行业标准，规定了雪茄吸烟机模拟吸烟的标准操作方法，以及烟碱、焦油、一氧化碳等雪茄烟气部分成分的检测方法。另外，我国烟草行业还就雪茄的基本计量单位、名称编制规程和雪茄鉴别检验规程颁布了标准，规范了相应环节。

第五章　雪茄专利

专利制度是指国际上通行的通过法律手段确认发明人对其发明享有专有权，以保护和促进技术传播，以便达到更广泛的技术信息交流和技术的及时有偿转化的一种制度。相比于其他文献来源，专利文献所提供的信息能够更全面地反映某一技术领域的发展现状和前沿动态。专利技术具有很强的地域性，企业如果想在某个国家生产、销售产品，为保护自己产品的知识产权不被侵犯，需要提前在该国申请专利，布局知识产权保护体系。2009—2018 年十年间全球的雪茄专利申请主要分布在美国和中国，分别有 273 项和 234 项专利申请（含 7 件台湾专利和 3 件香港专利），合计占专利申请总量的 77.2%，专利市场的集中度相对较高，其次是欧盟地区（主要指 EP 和 EM 专利申请）和法国，分别有 54 件和 39 件专利申请。这一结论与当前雪茄的市场情况一致[1]。

---

[1] 王金棒等：《国内外雪茄烟专利技术研究热点及趋势分析》，《中国烟草学报》，2020，26（4）：7—17。

第六章　雪茄感官评吸

　　如何最直接地评价卷制的雪茄吸味品质是否达到设计和预期要求？这需要依靠评吸师。专业的评吸师拥有敏锐的味觉和嗅觉，并且经过长期训练，可以采用专业的评吸方法对雪茄感官质量进行评价。荷兰皇家阿吉奥公司从雪茄点燃前的结构、抽吸顺畅度、整体外观，雪茄点燃后抽吸顺畅度、烟灰的精密度、燃烧的均匀度、调配的均匀度以及浓度、味道、香气、个人观点等方面采用定性描述法进行质量评价。美国阿塔迪斯公司手工雪茄从雪茄茄衣颜色，雪茄点燃前茄衣色泽均匀度、雪茄茄衣的绷紧度、茄芯的均匀度，点燃前的透气度、整体外观，雪茄点燃后的透气度、烟灰的精密度、燃烧的均匀度、调配的均匀度以及浓度、味道、香气、个人观点等方面采用定性描述法进行质量评价。

　　国外著名雪茄杂志 *Cigar Journal* 拥有 60 名来自全球各国的资深雪茄客组成的雪茄品鉴专家组，对雪茄的茄衣品质、烟支结构、协调性、回味等指标进行综合评价[1]。

---

　　[1]　美国阿塔迪斯公司改造手工（卷）雪茄产品品鉴表、美国阿塔迪斯公司机制雪茄产品改造雪茄品鉴表、*Cigar Journal* 评吸表。

Cigar Journal 手工雪茄评价表

姓名：_____

日期：_____

特殊属性（避免认错）：

_____

_____

雪茄（牌号）：_____

示例：

少（1） ◎ ×◎◎◎◎ 多
少（2.5）◎◎ ×◎◎◎ 多
少... ◎◎◎◎× ◎ 多 (4.5)

茄衣：

叶脉粗壮 ◎◎◎◎◎ 细小
粗糙 ◎◎◎◎◎ 油润柔滑

颜色：

非常浅◎◎◎◎◎深（几乎黑色）

结构：

松散 ◎◎◎◎◎ 稳固
不均匀 ◎◎◎◎◎ 均匀

吸阻：

不好 ◎◎◎◎◎ 完美
有无裂纹？

燃烧：

不均匀 ◎◎◎◎◎ 燃烧好
快速 ◎◎◎◎◎ 缓慢
自主熄灭 ◎◎◎◎◎ 燃烧平稳

香气和口味：

点燃前吸阻：_____

_____

前段：_____

_____

_____

_____

_____

中段：_____

_____

_____

_____

烟气:

| 几乎没有 | ◎◎◎◎◎ | 大量 |
| 热 | ◎◎◎◎◎ | 凉 |

烟灰:

| 易剥落 | ◎◎◎◎◎ | 稳固 |
| 非常深 | ◎◎◎◎◎ | 白 |

复杂程度:

| 1种 | ◎◎◎◎◎ | 多种 |
| 维度 | | |

协调性:

| 低 | ◎◎◎◎◎ | 高 |

浓度:

| 淡 | ◎◎◎◎◎ | 浓郁 |

劲头:

| 轻微 | ◎◎◎◎◎ | 强烈 |

回味:

| 短 | ◎◎◎◎◎ | 长 |

后段: _____

评分: _____

0.5		82
1	中等	83—84
1.5		85
2	较好	86—87
2.5		88
3	好	89—90
3.5		85
4	非常好	92—94
5	完美	97—100

可以看出，目前国内外已经有了一些雪茄的评价方法，但这些方法大都偏重对雪茄外观、色泽以及整体品质的评价，而关于雪茄风格特征的评价方法及相关研究很少。2013 年《雪茄客》报道了瑞士对雪茄烟草风味特征的一种划分方式，该方式是在参考美国加州大学戴维斯分校安·C. 诺贝尔（Ann C. Noble）教授葡萄酒风味轮盘的基础上提出的。这种划分方式将雪茄烟草风味分为八大类型：植物风味、香料风味、花香风味、坚果风味、水果风味、泥土风味、其他风味和非风味类特征。

四川中烟综合多个评价方法体系，根据雪茄的特点制定了雪茄感官评价法，着重强调烟气风味特征，并建立评价表格，对每个评价指标进行了解释说明。该方法要求，在温度 16—

25℃、相对湿度 65%—75% 的环境条件下，先将待评吸的雪茄样品平衡水分不少于 72 小时，然后由 10—15 位专业雪茄评吸师采用局部循环评吸法，分为前部、中部、尾部分别进行评价。

四川中烟手工雪茄评价表

基本信息			香韵特征		评吸（0—9分）			品质特征		评分		
样品名称	属性/规格	浓郁度			显著	较显著	有			好	适中	差
					7—9	4—6	1—3			7—9	4—6	1—3
成品□ 规格：		浓 □ 较浓□ 适中□ 较淡□ 淡 □	香韵	坚果香				香气的醇香感	醇和度			
				豆香					丰富度			
				木香					成熟度			
				辛香				烟气的醇和感	饱满度			
				果香					流畅度			
				清甜香					缠绵感			
				焦甜香					甜润度			
				蜜甜香				余味的纯净感	刺激性			
				正甜香					干净度			
				花香					回味感			
				熏香				燃烧特性	燃烧性			
原料 茄衣 茄套 茄芯 状态：				药香					灰色			
				奶香					凝灰度			
				膏香				可感燃吸指标的协调化	平衡感			
				树脂香								
				窖香								
				烘烤香				整体评价				
				壤香								
				干草								
				皮革香								
				粉脂香								
				其他								
			杂气	蛋白质								
				土腥气								
				青杂气								
				枯焦气								
				金属气								
				花粉气								
				木质气								
				其他								

第四部分

长城雪茄

第一章　"长城"小史

四川中烟雪茄的生产历史最早可以追溯到 1895 年，但真正产业化则始于民国七年（1918 年），前身为王叔言创办的雪茄家庭作坊，它是中国最早和最大的雪茄工业企业。民国二十五年（1936 年），该作坊经什邡县批准，起名"益川工业社"，注册有"工字""爱国""大雪茄"等 11 个雪茄牌号，年产雪茄 1 亿支，产品畅销全国。益川烟品当时被业界视为"国产名品"。

益川工业社的创建，改变了明末清初以来雪茄零星、分散的手工作坊产销模式，使中国雪茄真正走上了工业化、规模化的雪茄产业发展道路。

中华人民共和国成立后，以什邡雪茄的独特工艺和技术规范为样式，发展形成了中式雪茄的国家标准。长城雪茄，是中国雪茄国家标准的缔造者。

1958 年，贺龙为长城雪茄正式命名，嘱托"要做出我们中国人自己的好雪茄"。

1963 年，长城雪茄被选定为国礼赠予法国总统戴高乐，成为中法建交的一个序曲。

1964 年开始，长城雪茄为毛泽东、李先念、贺龙等第一代党和国家领导人卷制特供雪茄，开创了一段享誉业界的"132"传奇历史，印证了长城雪茄的优良品质和光荣血统。

1970 年，长城雪茄获得大马士革国际博览会金奖。

1972 年，长城雪茄被用来款待美国总统尼克松，见证中美建交"破冰之旅"。

1978 年，邓小平专门指定长城雪茄作为国礼赠送外国领导人。

2010 年，长城雪茄相继与世界两大雪茄制造巨头合作，从原料种植、产品设计、配方调制到工艺流程，雪茄生产工艺进一步与国际接轨，加工卷制水平迅速提升。

2011 年 4 月 27 日，随着长城雪茄厂易地技改项目的正式落成，一个环境优美、装备一流、设计产能 50 亿支、全球最大的单体雪茄工厂呈现在大众眼前，奠定了中式雪茄发展的坚实基础。

2018 年，长城雪茄入选外交部日常外事礼品清单及驻外使领馆物资采购目录。长城（GL1 号）在国际雪茄杂志 *Cigar Journal* 盲评中获得 95 分的高分，是中国雪茄在国际评比中夺得的最高分。

2020 年，中古建交 60 周年，长城雪茄作为中国雪茄领军品牌，被赠给古巴政府领导。

第二章 "长城"品牌

四川中烟旗下的长城雪茄厂成立于 2007 年 9 月 4 日，是目前全世界最大的单体雪茄生产工厂，也是亚洲最大的雪茄生产企业。工厂主要有"长城""狮牌""工字"三大品牌，"长城"是四川中烟的重点发展品牌，诞生于 1958 年，以塑造"醇甜香"品类风格为品牌发展方向，由于为中央领导人卷制雪茄的"132 秘史"而家喻户晓。

长城雪茄主要产品包括 G 系列、132 系列、盛世系列等手工雪茄以及骑士系列、迷你系列、金南极系列等传统机制雪茄。机制雪茄味型主要有原味、香草、咖啡、樱桃、蜜桃等风格。合作产品主要有与帝国烟草西班牙塔巴克莱拉公司联合开发的"融合版"长城（VF）（待上市）以及与荷兰皇家阿吉奥公司合作开发的金钱豹（10 支甜品）。

1. 长城 G 系列产品

G 系列是长城雪茄的价值标杆和工艺集大成者，也是中式雪茄的风格代表，拥有特级窖藏版、大师限量版、年度纪念版、长城馆藏版、特别纪念版等版本类型。

长城（GL1 号）是中国雪茄顶级价值标杆，代表了中国雪茄的最高水平，拥有深厚的历史文化背景，传承百年工艺，采用世界顶级原料，由大师卷制并精心养护。

特供配方翘楚，国宾接待专用：1964年，毛主席患重感冒，抽烟后便咳嗽不止。贺龙看到后推荐了长城雪茄，毛主席抽后既过瘾又不咳嗽，从此便爱上了这种产自什邡的雪茄。四川省轻工厅正式授命工厂为中央领导卷制特供烟。经过技术攻关，工厂一共研制出了35个配方，其中的1、2、13、33号成为选定产品。当时有人推荐毛主席选择1号雪茄，毛主席回答说："在我心目中人民始终是第一位，1号是属于人民的。"因此选择了2号雪茄，1号雪茄代表人民作为国礼，用于接待外宾。

2018年11月8日川烟百年华诞之际，长城雪茄发布了长城（GL1号），以最精湛工艺、最严苛品质、最醇香味道，将神秘的1号雪茄呈现于世，并于2019年9月15日正式面向全国发售。

主席特供烟田，用料百里挑一：长城（GL1号）主要原料产自什邡大泉坑的十亩特供烟试验田，因对气候、土壤、栽培技术要求严苛，产量极其稀少，用在产品上更是优中选优，最

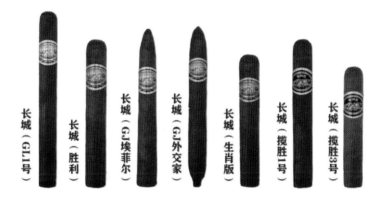

长城（GL1号）　长城（胜利）　长城（GJ埃菲尔）　长城（GJ外交家）　长城（生肖版）　长城（揽胜1号）　长城（揽胜3号）

后的烟叶原料仅能保障每年 1000 余支成品雪茄；同时配以多米尼加 14 年窖藏烟叶，每株仅甄选两片，弥足珍贵。特供烟田珍稀烟叶，加上多米尼加窖藏烟叶，方成就一支世界级雪茄。

益川老坊发酵，十年醇养至味：长城（GL1 号）采用独创的"益川老坊发酵法"，通过川酒发酵、川茶蒸漂、川产植物提取物等传统、生态古法技艺进行自然醇化，并通过窖藏发酵，以微环境和益生菌群改善烟叶品质。从烟叶到成品，历时 10 年以上，口味醇度达到巅峰。产品于 2012 年卷制，放入醇养房窖藏达 7 年之久，极具收藏价值和增值空间。2017 年，在纪念毛主席 124 周年诞辰之际公开拍卖了 52 支，以 28 万元的拍卖成交价格创下了中国雪茄价值高度标杆。

国手国眼加持，方成无上金身：每一支长城（GL1 号）都由"浩月长春"四大国手亲力卷制。四位卷制大师精湛技艺，再经工厂选色大师支支筛选，方得一支优质成品雪茄。

国茄价值标杆，世界顶级品质：2018 年，长城（GL1 号）在国际雪茄杂志 *Cigar Journal* 盲评竞赛中获得 95 分，是中国雪茄在国际评比中夺得的最高分，超越了众多国外知名雪茄品牌。

Cigar Journal 对长城（GL1 号）的评价是：这是一支制作精良的雪茄，具有无可挑剔的品质。初尝，有姜饼、甘草、坚果和甜饼干的香气，伴有清新花香；随后姜香和木香渐渐清晰，还有丝丝甜香；整支雪茄抽下来，还发现了李子等水果的香气，木香和烘焙香浓郁，而可可、新鲜的尤加利以及皮革的味道则带来更丰富的味感体验。

长城（胜利）：以木香、豆香、花香、坚果香为主，精心还原了彼时工业社大师潜心卷制、专供投降签字仪式盟军将士享用雪茄的工艺、材料、口味和品质，用真实的历史纪念伟大的胜利。

长城（生肖版）：年份级雪茄，每年会推出一款当年度生肖主题雪茄并限量发售，将中国传统文化蕴含于产品之中。

长城（揽胜 1 号）：长城雪茄与西班牙塔巴克莱拉公司联合出品，首次上榜 *Cigar Journal* 盲评的中国雪茄。雪茄具有优雅的木香，伴随着淡淡的胡椒味、甜味及香草味，兼有逐渐变浓的红茶香味。

长城（揽胜 3 号经典）：长城雪茄与美国阿塔迪斯雪茄公司技术合作的结晶，以花香、清甜香、奶香为主，带有木香，香气飘逸醇正、余味回甜，浓度适中。

2. 长城 132 系列产品

"132 系列"的定位是满足中高端主流消费的特色系列，旨在原味再现领袖特供经典。长城（132 秘制）预开口手工雪茄，采用 132 特供雪茄的独特秘制工艺和原料处理技术，真实再现"132"2 号雪茄历史原味。长城（红色 132）清甜风格，带有

纯正的清甜香和桂甜香,香气淡雅,浓度中偏淡,余味舒适干净。

3. 长城盛世系列产品

"盛世系列"定位时尚消费,融合全球原料技术,是长城雪茄的主力基座。长城(3号)畅销经典款手工雪茄,以舒适口味和超高品质深受中国雪茄爱好者喜爱,畅销市场十余年。

长城(盛世5号)是中国手工雪茄销量冠军,小盒两支装,性价比超高,是入门级雪茄爱好者享茄首选。

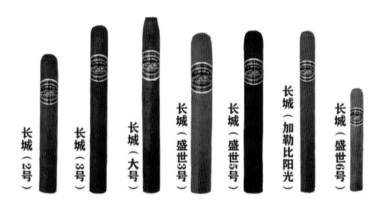

长城(2号) 长城(3号) 长城(大号) 长城(盛世3号) 长城(盛世5号) 长城(加勒比阳光) 长城(盛世6号)

第三章　"长城"故事

1. 元帅的嘱托

1949 年 12 月，贺龙元帅率部由陕入川，配合刘邓大军解放西南各省。西南军区成立后，贺龙任司令员常驻四川，从此与四川烟草结下不解之缘。1954 年，贺龙元帅调到中央工作，但他仍然非常关心四川地方经济社会的发展。

1958 年 3 月，政治局扩大会议在成都召开，讨论通过了《关于发展地方工业问题的意见》。当年，"长城"品牌建立，由四川省轻工业厅牵头、郑州烟科所及国内九家烟厂共同参与，成立了"四川省高级雪茄烟试制委员会"，办公室设在益川烟厂（长城雪茄厂前身），举全国烟草力量共同攻克"长城"工艺技术难题，从原料发酵、烟叶配方到产品造型、卷制技术、生产设施等全方位攻关，先后做了 178 个配方的试验，1959 年试制出甲级"长城"牌雪茄并投入生产。当年 8 月，益川烟厂向国务院轻工业部科学研究院烟草研究所寄出样品，受到肯定的评价。

1960 年，长城牌雪茄由中国国际贸易会促进委员会送往几内亚、阿联酋、加纳等八个国家举办的展览会上展出。

1965 年 3 月 15 日，国务院副总理贺龙到四川视察工作，在四川省政府礼堂专门接见了益川烟厂党委书记李振明等三人，对该厂试制的高级雪茄做了积极的评价，也指出不足之处，并鼓励说："你们要把雪茄烟外包皮（茄衣）这道难关攻破，几年内将相应的问题一个个地解决好，把东亚雄狮的声望树起来！"其间，贺龙副总理还特地转赠了古巴赠送的雪茄以供研制参考。在领导的关怀下，工厂加速研究并改进了相关工艺。

1967 年，长城牌雪茄正式销往中国港澳地区和东南亚，这是中国 1950 年以来首次进入国际的雪茄产品，赢得了"价廉物美"的普遍赞誉。香港德信商行反映："有一批爱抽'长城'的顾主，要求供应不断线。"次年，出口量扩大了六倍。1969 年，出口量猛增到 216 万支。

1970 年，应国务院轻工业部的要求，工厂寄出长城牌雪茄 25 支装两盒、10 支装和 5 支装各 20 盒，参加第 17 届大马士革国际博览会，一举夺得大马士革国际博览会金奖，享誉海外。

2. 伟人的眷恋

在长城雪茄的发展历史中，"132"是一个非常特殊、神秘的数字，它承载了无数的荣耀与传奇，在坊间留下了秘史般的传闻，被称为"132 秘史"。虽然已过去数十年，这段历史依旧为人津津乐道。

1964 年，毛主席身患感冒，抽烟后咳嗽很厉害。贺龙看到后，便向毛主席推荐什邡雪茄，说抽这种烟咳嗽会明显减轻。毛主席抽后既过瘾又不咳嗽，从此便爱上了这种产自益川烟厂（现四川中烟长城雪茄烟厂）的雪茄。为了完成供烟任务，工厂慎重研究，筛选政治可靠、技术过硬的工人，成立特供雪茄卷制小组，专门负责生产特供雪茄。经过技术攻关，工厂一共研制出 35 个配方，其中 1、2、13、33 号成为选定产品。当时有人推荐毛主席选择 1 号雪茄，毛主席回答说"人民始终是第一位，1 号是属于人民的"，因此选择了 2 号雪茄。2 号雪茄属于味道比较淡、有食指那么粗的中号雪茄。李先念等其他领导人选定的是味道相对浓郁的 13 号雪茄。每月工厂将卷制养护好的雪茄烟交给成都军区，再由成都军区专人送至北京中央警卫局。

　　1971 年之后，中央办公厅和北京市委决定，由中央警卫局派专人到卷烟厂监督特供烟生产全过程。同时，北京市委从北京派烟草技工到什邡"取经"，但是失败了。后来中央办公厅决定将卷制生产小组迁到北京，在北京为中央领导卷制特供雪茄。基于特供烟生产场地安全、保密、方便的考虑，生产小组放弃了在人员众多的北京卷烟厂"落户"的打算，而选择了僻静的南长街 80 号，对面就是门牌号为 81 号的中南海。特供烟卷制组对外称"360"信箱，对内则称"132"，这就是"132秘史"的由来。

　　毛主席于 1976 年 9 月 9 日逝世后，华国锋、李先念、姚依林以及几位民主党派的主席、副主席仍然抽着 13 号雪茄。1976 年底"132"停止生产，1984 年"132 小组"正式宣布解散。但这一段历史将永远是什邡雪茄乃至中国烟草的荣耀。

3. 国礼的荣耀

1978 年是中国历史上具有跨时代意义的一年，百废待兴，改革开放也蓄势勃发。这一年，74 岁的邓小平接连出访了七个亚洲邻国，力图冲破束缚，增进地区友谊。

1957 年和 1960 年，周恩来总理曾两次访问尼泊尔。周总理一直想飞越喜马拉雅山脉到尼泊尔，但未能如愿。直到 1978 年，邓小平替他实现了愿望。

1978 年 2 月 3 日，应尼泊尔王国首相基尔提·尼迪·比斯塔的邀请，邓小平乘坐飞机飞越了世界屋脊喜马拉雅山脉，在加德满都特里布文机场降落，开启对尼泊尔的正式友好访问。为表达邦交友谊，经时任四川省委领导推荐和小平同志亲自审定，长城雪茄和中国独有的珍稀植物水杉被带到尼泊尔，作为国礼赠予尼泊尔国王比兰德拉。

长城雪茄，在很多关键的节点上见证了历史的推进和演变。中尼邦交，长城雪茄再次肩负殊荣，以"国礼"规格成为邦交友谊的独特见证。作为国礼的长城雪茄，何以能有此殊荣？除却传承百年的制茄工艺锻造的优良品质，更为主要的是在那个特殊的年代，长城雪茄被国家领导人视为在重要场合传递对外交流、邦交友谊的特殊载体。将新中国最好的雪茄赠给外国首脑，本身就是一种"开放"态度的表达，是邦交友谊的主动诠释。

4. 埃菲尔特使

1963 年 10 月，法国总统戴高乐的特使埃德加·富尔秘密访华，商谈中法建交事宜。周恩来亲自接见富尔，并选定长城雪茄作为生日礼物，委托富尔转赠戴高乐总统。当时的什邡卷烟厂接到任务指令，立即成立定制烟小组，专门制作此款雪茄。小组成员在随后的时间里一共研制了 12 个配方，在深入了解西方人的口感并请国际友人品尝后，这款既带有中国特色又具备西方特质的定制雪茄终于被敲定通过，圆满完成了任务。

11 月 2 日访问结束之时，周总理委托富尔带一份特殊的礼物送给戴高乐将军庆生，这份礼物正是长城雪茄。周总理说："你们法国有好酒，我们就送将军一盒好烟！"富尔笑说："将军在 1943 年就戒烟了，这恐怕要用不上了。"周总理机敏地回答："你们不是流行庆祝的时候喝香槟抽雪茄吗？中法建交之时，请将军一定破戒抽一支！"

戴高乐总统对富尔此行甚为满意，这款寓意特殊的生日礼物——长城雪茄也被其珍藏。1964 年 1 月 27 日，中国和法国同时发表建交公报，震撼了东西方，被西方媒体称为"外交核爆炸"。

5. 破冰的见证

1972 年，美国总统理查德·尼克松访华，这次不一般的出访活动被称为"破冰之旅"。正是这次外交活动，推动了中美外交关系的建立，推动了世界和平与经济发展。

上世纪 60 年代末至 70 年代初，中美双方出于共同的战略需要，均希望双方关系走向正常化。在经过一系列秘密沟通和准备后，1972 年 2 月 21 日，尼克松乘专机抵达北京，与周恩来总理实现了历史性的握手。在为期一周的访问中，尼克松总统会见了毛泽东主席，同周恩来总理进行了会谈。双方就国际形势和中美关系交换了意见，签署并发表了《中美上海联合公报》，尼克松称这是"改变世界的一周"。

尼克松总统在北京期间，被安排下榻钓鱼台国宾馆 18 号楼。按照周总理的要求，国宾馆对房间进行了粉刷，更换了新的家具，在房间里的陈设柜中摆放了精心挑选的青铜器、瓷器和玉器。周总理还亲自安排在尼克松楼上的餐厅悬挂了毛主席的《七绝·为李进同志题所摄庐山仙人洞照》。后来他向尼克松解释道："这首诗的最后一句是'无限风光在险峰'。你到中国来是冒了一定的风险的。"

由于提前对尼克松总统的个人特点和生活习惯进行了研究，了解到尼克松喜欢抽雪茄，周总理还精心安排在尼克松房间的酒台上摆放了一盒长城牌雪茄。漫漫长夜，长城雪茄就成了提神解乏最好的伴侣，以至于他在回忆录中写道："那天晚上我上床以后久久不能入睡。到早上 5 点钟，我起来洗了一个热水澡。我回到床上后，点燃了一支主人体贴地提供的中国制'长城牌'雪茄烟。我坐在床上一面吸烟，一面记下这一星期里具有重大意义的事件……"

第五部分

雪茄趣闻

1. 世界最长雪茄

目前,世界最长雪茄纪录是由四川中烟长城雪茄厂创造的。这支雪茄总长 119.18 米、环径 60,茄衣、茄套、茄芯烟叶共耗用 118 公斤,烟叶选自多米尼加、印尼和中国"毛烟"产区,经过 8 年以上自然醇化,采用活性矿泉水湿润处理后手工去梗,由"132 特供小组"传人嫡传弟子、长城雪茄厂三位卷制大师,历时 11 天卷制而成。这根"超长雪茄"目前展览于中国雪茄博物馆,由专人定期养护。

2. 世界最贵雪茄

目前世界上最昂贵的雪茄为价值 100 万美元的廓尔喀皇家花魁雪茄(Gurkha Royal Courtesan)。为了确保雪茄拥有最佳品质和完美质量,花魁雪茄每一支都采用稀有的喜马拉雅烟草制成,这种烟草只使用斐济水进行灌溉。

雪茄在出厂的时候，以金箔包裹并镶嵌 5 克拉的钻石作为标签。廓尔喀雪茄公司生产的雪茄享誉全球，每年生产约 1200 万支雪茄，销往全世界 70 多个国家。

3. 雪茄慢抽比赛

目前雪茄慢抽比赛的世界纪录是西奥菲（Cioffi）在 2018 年罗马尼亚布加勒斯特举行的世界雪茄锦标赛（Cigar Smoking World Championship，CSWC）资格赛中创造的，他抽完一支皇冠雪茄（环径 52，长度 152mm）耗时 3 小时 52 分 55 秒，正常速度大约为 1 小时 20 分钟。

CSWC 是全球雪茄行业中最令人激动的赛事之一，2010 年由克罗地亚斯普利特的雪茄俱乐部总裁兼创始人马尔科·比利奇（Marko Bilic）创办。该赛事每年在世界各国举办一系列资格赛，然后在克罗地亚举办决赛。选手拿一支组委会提供的标准皇冠雪茄，从点燃开始计时，看谁抽得最慢，中途不可以补火。

4. 雪茄持灰比赛

雪茄持灰比赛在世界各地如古巴、多米尼加、洪都拉斯、中国都举办过。所谓的雪茄持灰比赛，就是参赛选手们在比赛时，要努力保持烟灰不掉落，最终谁的烟灰最长，谁就赢得比赛。过去几届古巴雪茄节都会举行雪茄持灰比赛，所用雪茄为 50 环径以内，

长度在 15 厘米左右。持灰比赛契合雪茄的特质，因为雪茄本身就有比较好的持灰性。比赛技巧是要保持手上的平衡，一切动作幅度要尽量小，轻拿轻放，不要抖动，让雪茄长期保持在一个高度，立着拿雪茄和抽雪茄，防止倾斜导致烟灰掉落。

5. 雪茄定情

在南美洲苏里南生活的印第安人，有着把雪茄作为定情信物送给自己另一半的传统风俗。如果部落里的小伙喜欢上了哪一家的姑娘，就会回到家里向父母坦白自己的想法，长辈们会挑选一个良辰吉日，并为小伙准备好一支精致的雪茄。小伙带着雪茄登门，表示求婚之意。要是女方家长同意这一婚事，就会接受这支雪茄，要是不同意则会拒绝。

在荷兰的一些地区，同样保留着以雪茄作为定情信物的传统风俗。当小伙爱上了某位姑娘后，他便会拿着雪茄来到姑娘

家门口，以"借火"为名敲开姑娘的家门，向姑娘表达自己的心意。小伙走后，姑娘就会和家人商量。到了第二天，小伙再次上门"借火"，如果开门的是女方的父母，则表示家人同意，他们会邀请小伙子到家中商量；如果无人开门，则表示女方拒绝。

6. 毕加索的救命雪茄

1881 年 10 月 25 日，在西班牙南部港口城市马拉加（Malaga），世界著名画家毕加索诞生了。但婴儿坠地后没有呼吸，接生婆倒提着婴儿抖了几下，又翻过来在他屁股上拍打几下，然后不断重复这一过程，再掰开婴儿的小嘴，却全然无济于事，婴儿始终一声不吭。接生婆向围在周围、茫然无措的堂·何塞·路兹——孩子的父亲——和家庭成员们宣布："我想，他在胎里就死了。"然后将婴儿放在一张桌子上，转身处理迷迷糊糊的产妇。

堂·何塞的弟弟——堂·萨尔瓦多是一位医生，在马拉加被认为是医术高明的权威医生。他手中拿着一支长长的雪茄，那是在产妇拼命挣扎时点燃的，但因为紧张忘了吸，此刻已经熄灭了。他点燃雪茄，走到桌边，俯身看着婴儿，然后深深地吸了一大口雪茄，对准婴儿的小鼻孔吹了进去。奇迹出现了，婴儿的手和脚同时蹬动起来，"哇"的一声，这位被人们称为"20 世纪最杰出、最令人信服、最具有独创性、最变幻无常、最富有诱惑力和最神圣的艺术家"毕加索就这样活了过来。有人说："毕加索是上帝一时失手的伟大奇迹，因为毕加索不是人。人是呼吸空气的，而他是吸雪茄的烟活过来的。"

7. 丘吉尔的半支雪茄

丘吉尔的半支雪茄，前前后后公之于世的至少有4根：1941年第二次世界大战时会议中没抽完的，1947年在法国勒布尔机场留给下的，1950年参加保守党年会因为会议大厅禁烟熄掉的，以及1962年在米德尔塞克斯（Middlesex）医院治疗时留下的。

1941年8月22日，丘吉尔在战时会议上一边抽雪茄一边讨论战情。得知苏联列宁格勒遭到德军闪电战的袭击，他马上离开会议室，临走前捻熄了手上的半截雪茄。打扫会场的妇人格布尔捡到这半支雪茄后转送给好朋友杰克，并被他保留到1987年过世那天，随后被他女儿卖出。2010年，在一场拍卖会中，这半支雪茄以4500英镑的价格成交并被收藏者收藏至今。

1947年5月11日，丘吉尔在勒布尔机场登机口抽雪茄，抽到一半就登机了，放在烟灰缸里的雪茄被机组员威廉·艾伦·特纳（William Alan Turner）捡起来收藏。2017年10月，这半支雪茄经互联网拍卖售出，以1.2万美元的价格成交。

1950年10月14日，丘吉尔参加保守党的年会。由于会场禁烟，他将抽了一半的雪茄踏熄。一名工作人员悄悄捡起留作纪念，到过世后雪茄才被家人拍卖。

1962 年丘吉尔在米德尔塞克斯医院治疗时留下的半支雪茄，由当年照顾他的护士从烟灰缸中拿出来，然后一直保存至今。

8. 爱德华的迫不及待

维多利亚女王执政时，英国全国禁烟。她去世之后，爱德华七世继承王位，他对幕僚及内阁大臣们宣布的第一件事就是："各位，你们可以开始抽雪茄了！"

这句话堪称雪茄历史上的重要宣告，爱德华七世也因此在雪茄历史中名留千古。

9. "聪明"的肯尼迪

美国第 35 任总统肯尼迪深深痴迷哈瓦那雪茄，在签署针对古巴禁令文件之前，他经过了好一阵"挣扎"：一旦自己签署这项法令，就意味着将在很长的一段时间内抽不到古巴哈瓦那雪茄。于是，在签署禁令前，肯尼迪将他的新闻秘书皮埃尔叫到办公室，告诉他："我需要大约 1000 支雪茄。明天早上，给你所有有雪茄的朋友打电话，尽你所能多弄些。"第二天早上，皮埃尔带着 700 支雪茄来到肯尼迪办公室。肯尼迪得到这些雪茄之后，取出一份禁止所有古巴产品进入美国的法令。他

说："太棒了！既然有了足够抽一段的雪茄，我就可以签署这项法令了。"

10. 海明威与富恩特

海明威是地道的富恩特雪茄迷，他疯狂地爱着哈瓦那雪茄

和当地的朗姆酒。在古巴期间，海明威时有出海，但因为海上风高浪急，点燃雪茄非常不易。为了让他在乘风破浪之际仍能轻易点燃雪茄，富恩特烟厂在制作雪茄时把点燃部分收窄，形成头尖尾小的不规则形状，特别制作的双尖鱼雷型号便由此而来。当海明威逝世后，卡洛斯·富恩特把一系列双尖鱼

雷雪茄推出发售，作为对海明威的纪念。一把桨、鱼叉和缆绳，还有哈瓦那雪茄，已成为海明威一生激情的象征。

11. 李鸿章的画眉鸟和雪茄

清代第一位进行环球访问的大臣李鸿章，是洋务运动的主要倡导者，也是中国雪茄史上最早的雪茄爱好者之一。但他最开始抽的不是雪茄，而是中国的水烟。李鸿章到达法国时，与法国官员交流学习。聊天时，法国官员敬给李鸿章一支雪茄。李鸿章拿着雪茄，不知道该怎么抽。法国官员把雪茄放在嘴中，随后用火点燃。李鸿章也跟着做，但怎么也点不燃，原来他的雪茄没有剪掉一些。李鸿章知道这是法国人故意让他难堪，于是叫人拿来了中国水烟。他接过水烟后咕噜咕噜地吸起来，法国官员觉得好奇，李鸿章就让随从也给法国官员拿了水烟。但是法国人不会抽水烟，拿起一吸，满嘴都是烟水，想吐又不敢吐，李鸿章看了暗自得意。

在下榻柏林豪华的恺撒大旅馆时，德意志帝国政府殷勤款待，甚至连李鸿章喜爱的画眉鸟都装入鸟笼，挂在庭院的长廊中。在为李中堂准备的房间的墙壁上，高悬两张大幅照片：左边是李鸿章，右边是德国前首相俾斯麦。茶几上还备有中堂大人爱抽的雪茄。

出使英国的时候，李鸿章还收到过一盒25支装的定制雪茄，烟标上印有他的朝服图像，烟盒上还印有一行金字：中英邦交从此永固。

12. 徐志摩的"白如雪"

据说，1924 年，徐志摩在上海的一家私家会所约请大文豪泰戈尔。泰戈尔是一位忠诚的雪茄客，两人同享之时，泰戈尔问徐志摩："Do you have a name of cigar in chinese?"徐志摩答："cigar 之燃灰白如雪，cigar 之烟卷如茄，就叫雪茄吧！"两位文坛大师的一次笑谈，赐予了 Cigar 如此美好的中文名字。然而事实上，在晚清文学家李宝嘉（1867—1906）的长篇小说《官场现形记》里，已经出现了"雪茄"这个名称。

图书在版编目（CIP）数据

雪茄手册/四川中烟工业有限责任公司编著.
-- 北京：华夏出版社有限公司，2021.6（2024.3 重印）
ISBN 978-7-5080-8319-3

Ⅰ.①雪… Ⅱ.①四… Ⅲ.①雪茄－基本知识
Ⅳ.① TS453-62

中国版本图书馆 CIP 数据核字（2021）第 067811 号

雪茄手册

编　　著	四川中烟工业有限责任公司	
责任编辑	霍本科	
封面设计	潘　辰　李媛格	
出版发行	华夏出版社有限公司	
经　　销	新华书店	
印　　装	三河市万龙印装有限公司	
版　　次	2021 年 6 月北京第 1 版　2024 年 3 月北京第 4 次印刷	
开　　本	880×1230　1/32 开	
印　　张	5	
字　　数	100 千字	
定　　价	48.00 元	

华夏出版社有限公司　社址：北京市东直门外香河园北里 4 号
邮编：100028　网址：www.hxph.com.cn
电话：010-64663331（转）
投稿合作：010-64672903；hbk801@163.com
若发现本版图书有印装质量问题，请与我社营销中心联系调换。